숭실대학교 한국기독교박물관 소장
식 물 도 셜

이 자료총서는 2018년 대한민국 교육부와 한국연구재단의 지원을 받아 수행된 연구임(NRF-2018S1A6A3A01042723)

메타모포시스 자료총서 03

숭실대학교 한국기독교박물관 소장

식물도설

초판 1쇄 발행 2020년 1월 31일

편 역 | 애니 베어드(A.L.A Baird)
해 제 | 윤정란
펴낸이 | 윤관백
펴낸곳 | 도서출판 선인

등 록 | 제5-77호(1998.11.4)
주 소 | 서울시 마포구 마포대로 4다길 4(마포동 324-1) 곶마루 B/D 1층
전 화 | 02) 718-6252 / 6257
팩 스 | 02) 718-6253
E-mail | sunin72@chol.com

정가 26,000원
ISBN 979-11-6068-344-8 93480

· 잘못된 책은 바꿔 드립니다.

메타모포시스 자료총서
03

숭실대학교 한국기독교박물관 소장

식물도셜

애니 베어드(Annie L. Baird) 편역
윤정란 해제

발간사

　숭실대학교 한국기독교문화연구원은 2018년 한국연구재단의 인문한국플러스(HK+) 사업 수행기관으로 선정된 이후 '근대 전환 공간의 인문학—문화의 메타모포시스'라는 어젠다로 사업을 수행하고 있다. 본 사업단은 어젠다에 따라 한국 근대 전환 공간에서 외래 문명의 유입, 이에 따른 갈등과 대립, 수용과 변용, 확산 등 한국 근대의 형성 및 변화 과정을 총체적으로 검토 및 분석하고 있다. 특히 숭실대학교 한국기독교박물관이 소장하고 있는 근현대 희귀 소장 자료를 토대로 보다 더 구체적이고 실증적인 연구를 수행하고 있다.

　한국기독교박물관이 소장하고 있는 근대 이후 자료들은 한국 사회의 근대 문명 도입과 전개 과정을 살펴볼 수 있는 중요한 자료이다. 한국기독교박물관에서 소장하는 있는 문헌 자료는 2018년 3월 현재 조선 중기 이후부터 해방까지 고문서, 고서, 서화류, 근대 인쇄물류 등으로 구분할 수 있으며 이 중 현재 박물관에서 등록한 문헌 자료는 총 6,977점에 달한다. 연구자들에게 이를 활용할 수 있도록 제공하고 있다. 그동안 한국기독교박물관은 소장하고 있는 자료에 대해 주제별로 해제집을 발간하였다. 2005년 2월『한국기독교박물관 소장 고문헌목록』을 시작으로『한국기독교박물관 소장 기독교 자료 해제』(2007년 1월),『한국기독교박물관 소장 과학·기술 자료 해제』(2009년 2월),『한국기독교박물관 소장 한국학 자료 해제』(2010년 12월),『한국기독교박물관 소장 민족운동 자료 해제』(2012년 12월) 등을 발간하였다.

　특히 개항 이후부터 1945년까지 역사 자료 중 주목할 만한 기독교 자료로는 성경, 찬송가, 신앙교리서, 주일학교 공과, 교회 회의록, 한국 교회사, 기독교 신문, 기독교 잡지 등이 있고 천주교 자료로는 천주교 신앙 형성과 관련된 자료, 천주교 교리서, 천주교 성인들의 전기류, 한국 천주교 역사, 천주교 성가집, 조선 선교에 관한 소개서류 등이 있다. 한국학 자료로는 한말 정치 경제 자료, 을미사변 전후 의병활동 자료, 외교사 관련 자료, 학부, 일제강점기 독립운동 관련 자료 등이 대표적이다. 근대 교과서로는 인문과학, 역사, 수학, 천문지리학, 동식물학, 생리해부학, 물리·화학, 자연과학 일반, 군사학 등을 소장하고 있다. 또한 개화기와 일제강점기에 발행된 서적류가 다량 소장되어 있다. 예를 들어 인문사회과학 일반, 역사지리 일반, 언어·어학, 문학예술, 음악, 교육, 의생활, 농학 및 경제학, 전통 유학, 기타 종교·잡술 등을 들 수 있다. 중국과 일본에서 발행된 여러 종류의 서적류, 다종의 근대 신문·잡지 등도 있다.

 이와 같이 한국기독교박물관에 소장되어 있는 자료는 모두 본 사업단의 어젠다 연구에서 반드시 필요한 문서들이다. 특히 학계에서 아직은 많은 관심을 보이지 않고 있는 자연과학과 관련된 자료는 본 사업단 연구에 매우 필요한 문헌들이다. 근대 자연과학은 전근대 한국인들이 합리적이고 이성적인 근대인으로 전환했다고 믿게 해주는 학문이었다. 근대라는 것이 합리성의 추구라면 그것을 뒷받침해주는 것이 근대 자연과학이라고 할 수 있다. 그러므로 근대 자연과학의 도입에 대한 탐구는 본 사업단에서 추구하는 어젠다에 반드시 포함시켜야 할 주제이다. 한국기독교박물관에서 소장하고 있는 구한말 근대 자연과학 자료는 근대 서양과학의 도입, 변용, 그리고 확산을 밝혀줄 수 있는 매우 중요한 역사적 문헌들이다.

 그래서 본 사업단에서는 제1차로 대한제국 시기 평양 숭실대학에서 교과서로 사용했던 근대 자연과학 교과서를 해제 및 영인하여 본 사업단의 연구뿐만 아니라 나아가 한국 근대 과학사 연구에 도움을 주고자 하였다. 제1차로 추진된 근대 자연과학과 관련된 해제 및 영인 자료는 모두 4개의 자료총서로 구성되어 있다. 희귀 자료인 『텬문략히』(1908), 『동물학』(1906), 『식물도설』(1908), 『싱리학초권』(1908) 등이다.

자료총서 1 『텬문략히』는 미국 북장로교 선교사로서 평양 숭실학당을 설립한 윌리엄 베어드(William M. Baird)가 쓴 천문학 교과서이다. 이 책은 1899년에 발행된 조엘 스틸(Joel Dorman Steele)의 *Popular Astronomy*를 번역·편찬한 것이다. 베어드는 일찍부터 교과서 편찬에 힘을 쏟았다. 초창기에 사용할 수 있는 교재의 대부분은 한문과 일본어로 된 것이었다. 그러나 베어드는 이런 교재를 사용하지 않았다. 한국어가 일반 교육 언어가 되어야 한다고 믿었기 때문이다. 베어드는 자체적으로 한국어로 된 교육용 교재를 편찬하였다. 베어드의 『텬문략히』는 사립학교에서 독립 교과과정으로 사용되었고 당시 천문학 지식을 전파하는 역할을 했다.

자료총서 2 『동물학』은 1906년 애니 베어드(A.L.A Baird)가 편역한 교과서이며 현존하는 대한제국기의 '동물학' 교과서로는 가장 앞선다. 이 책은 한국 근대 전환 공간에서 '기독교와 과학'이라는 근대 학문 지식을 전달하고 있으며 평양 숭실의 교육정책(한국인에게 한국어로 학문을 가르치고, 사용되는 교육 용어는 한국어로)이 반영되어 있다. 애니 베어드의 과학 교과서 시리즈 가운데 그 첫 번째 책이고, 발행부수가 2,000부로 『식물학』, 『생리학초권』의 발행부수 1,000부보다 1,000부가 더 발행되어 많은 이들에게 읽혔다. 한국의 근대 전환기의 서구 학문(생물학)의 수용사와 국내 학술용어의 형성사에 가장 기초적인 자료로 가치가 있으며, 한국 근대 교과서 형성사, 기독교와 과학을 다루는 기독교계 학교교육 연구, 한국 교육사에 기초 사료로서의 가치가 크다.

자료총서 3 『식물도설』은 1908년 애니 베어드가 숭실중학교 첫 졸업생이며 오늘날 독립운동가로 널리 알려진 차리석의 도움을 받아 순한글로 편역한 평양 숭실대학의 과학 교과서였다. 페이지는 색인을 포함해 총 259면으로 구성되어 있다. 이 책은 아사 그레이(Asa Gray)가 1858년 뉴욕의 아메리칸 북 컴퍼니(American Book Company)에서 출간한 총 233페이지 분량의 *Botany for young people and common schools : how plants grow*를 번역한 것이었다. 애니 베어드가 번역 출간한 『식물도셜』은 일제강점기 이후에도 평양 숭실대학에서 교재로 계속 사용되었으며, 숭실 학생들에게 서양 근대과학을 배울 수 있는 기회를 주었다. 이러한 의미에서 애니 베어드의 『식물도셜』은 한국 근대과학사 연구를 위해서도 매우 중요한 자료이며, 아울러 『식물도셜』에서 번역된 학술 용어와 오늘날 사용되고 있는 식물학 관련 학술 용어를 비교함으로써 식물학 관련 학술 용어가 어떤 변화 과정을 거치면서 정착되었는지를 밝힐 수 있는 중요한 근거 자료가 될 수 있다.

자료총서 4『싱리학초권』은 1908년 애니 베어드에 의해 번역 출판되었다. 이 책은 미국 중등학교 생리학 교과서였던 윌리엄 테이어 스미스(William Thayer Smith)의 책, *The Human Body and its Health-a Textbook for Schools, Having Special Reference to the Effects of Stimulants and Narcotics on the Human System*(New York, Chicago, Ivison, Blakman, Taylor & Company, 1884)를 충실하게 번역하였고, 평양 숭실대학의 과학 수업 교재를 개발하기 위한 생물 교과서 번역 작업의 결과물 중 하나였다. 이러한 애니 베어드의 『싱리학초권』은 기존 한국에서는 낯선 학문 분야였던 생리학을 자세히 소개하는 동시에 체계적인 과학 교과서로서 한국의 생리학 교육이 확립되는 중요 기반을 제공했다. 또한 생리학은 자연과학 지식뿐만 아니라 건강을 유지하기 위한 위생 관념을 포함한다는 점에서 통제와 절제를 강조하는 청교도적 규범을 제시하는 것이기도 했다.

2020년 1월
숭실대학교 한국기독교문화연구원
HK+사업단장 황민호

목 차

발간사 / 5

애니 베어드(A.L.A Baird)의 『식물도셜』 해제 / 11

식물도셜 / 29

애니 베어드(A.L.A Baird)의 『식물도셜』 해제

윤정란*

1. 애니 베어드의 식물학 강의와 『식물도셜』 발간 배경

이 책은 1908년 애니 베어드가 미국 식물학자 아사 그레이(Asa Gray)가 쓴 책을 숭실중학교 첫 졸업생이며 오늘날 독립운동가로 널리 알려진 차리석의 도움을 받아 순한글로 편역한 것이다. 페이지 수는 색인을 포함해서 총 259면으로 구성되어 있다. 현재 국내에서는 유일하게 숭실대학교 한국기독교박물관에서 소장하고 있다.

역자인 애니 베어드는 1890년 베어드(William M. Baird)와 결혼한 후 1891년 북장로교 선교사로 내한하였다. 그녀는 1897년 숭실학당이 설립된 후 초창기부터 교사로 봉직하였다.[1] 1900년 애니 베어드의 담당과목은 식물학이었다. 식물학은 이때부터 학생들에게 가르쳤지만 교재는 1908년에 출간하였다.[2]

1908년에 출간된 『식물도셜』은 아사 그레이가 1858년 뉴욕의 아메리칸 북 컴퍼니(American Book Company)에서 출간한 총 233페이지 분량의 *Botany for*

---

* 숭실대학교 한국기독교문화연구원 HK+사업단 HK교수
[1] 애니베어드에 대한 자세한 내용은 오지석, 「해제: 개화기 조선선교사의 삶」, 『Inside Views fo Mission Life(1913): 개화기 조선 선교사의 삶』, 도서출판 선인, 2019, 7~21쪽 참조; 김승태·박혜진, 『내한선교사총람』, 한국기독교역사연구소, 1994, 149쪽.
[2] 숭실대학교, 『숭실대학교 100년사』, 숭실대학교 100년사 편찬위원회, 1997, 82쪽, 89~90쪽; 숭실대학교 한국기독교박물관에서 소장하고 있는 근대교과서에 대해서는 한명근, 「한국기독교박물관 소장 근대 자료의 내용과 성격」, 『한국기독교박물관 자료를 통해 본 근대의 수용과 변용』, 도서출판 선인, 2019, 65~68쪽.

*young people and common schools : how plants grow*를 번역한 것이었다. 『두산백과』에 따르면 그레이는 1810년 뉴욕 소코이트에서 태어났으며 1831년 페어필드(Fairfield) 의과대학을 졸업하였다. 그 후 그는 뉴욕의 자연사박물관 관장을 지냈고 1842년부터 1872년까지 미국 하버드대학교(Harvard University) 식물학 교수로 재직하였다. 그는 다윈의 진화론을 지지하였으며, 하버드대학교 재직 시기에 식물 구조와 지리적 관계를 연구하기 위해 북미와 유럽, 북미와 일본 등의 식물 상태를 비교하였다.

2. 책의 구성과 내용

그레이의 영어 원본은 233면에 달하고 애니 베어드가 번역한 책은 251면에 달하지만 약간 차이가 있다. 애니 베어드의 책은 그레이보다 더 많은 259면이지만 그녀는 그레이의 책을 전부 번역하지 않았다. 영어 원본은 파트 1과 파트 2로 구분해서 책을 서술했는데, 애니 베어드의 편역본은 총 5장으로 구성되어 있다. 파트 1은 총 4장이며 총 330절로 구성되어 있는데 애니 베어드는 파트 1을 1장에서 4장으로 재구성하여 233절로 종결시켰다. 파트 2에서 다루고 있는 식물 과명(科名)은 총 105개 군으로 구분하였는데, 이에 대해 애니 베어드도 똑같이 번역하였다. 그레이의 영어원본에서 가장 먼저 시작된 구절이 성경의 인용이었다. 즉 마태복음 6장 28절에서 29절의 "들의 백합화가 어떻게 자라는가 생각하여 보라. 수고도 아니하고 길쌈도 아니 하느니라. 그러나 내가 너희에게 말하노니 솔로몬의 모든 영광으로도 입은 것이 이 꽃 하나만 같지 못하였느니라"라고 되어 있는데, 애니 베어드도 이를 그대로 번역하였다.

애니 베어드가 번역한 책은 다음과 같이 총 5장으로 구성되어 있다.

제1장에서는 초목이 자라는 것과 식물의 전체적인 구조와 기능을 설명하였다. 편역자는 식물의 전체적인 구조와 기능을 "풀기계"라고 번역하였다. 여기

서는 첫째, '풀기계', 둘째, 풀은 씨에서 자란다는 것, 셋째, 매년 자란다는 것, 넷째, 여러 가지 종류의 뿌리, 줄기, 잎 등에 대한 것 등을 설명하였다.

제2장은 식물의 번식에 대해서 다루고 있다. 여기에서는 첫째, 식물의 눈, 둘째, 씨, 셋째, 줄기, 넷째, 열매와 씨 등에 대해서 설명하였다.

제3장에서는 식물이 자라는 이유, 식물이 하는 일 등에 대해서 설명하였다. 이것은 하나님이 세상을 창조할 때 초목을 만든 이유에 대해 설명을 할 수 있어야 하기 때문에 다룬다는 것이었다. 첫째는 동물이 식물을 통해 양기(산소)를 마셔야 하기 때문이고, 둘째는 동물의 먹이로서 필요하고, 셋째, 동물이 병이 들었을 때 치료제로서 사용해야 하며, 넷째는 한국인들을 비롯해 다른 나라 사람들의 입을 옷 재료로서 필요하고, 다섯째는 사람이 사용하는 기계와 집 지을 재료, 여섯째는 사람이 불을 지필 때 필요하며, 일곱째는 여러 가지 기름, 황초, 육초를 얻을 수 있고, 여덟째는 식물로 사람 몸을 덥게 하는 것 등이라고 하였다.

즉 사람이 살아가는 데 필요한 것을 제공한다는 의미였다. 편역자는 여기에서 성경 구절을 인용하였다. 마태복음 6장 28절에서 31절이었다. 즉 하나님이 식물을 만든 이유는 동물과 사람이 살 수 있도록 하기 위한 것이다는 설명이다. 이것은 그레이의 3장 마지막 부분을 그대로 번역하였다.

제4장에서는 식물 구분에 대한 내용을 다루었다. 첫째는 현화식물부, 둘째는 은화식물부 등으로 구분해서 설명하였다.

제5장 과(科)에 대한 구분을 설명하였다. 당시 과(科)를 '족속'으로 표기하였으며, 이는 'family'를 번역한 것이었다. 영어 원본에서와 똑 같이 총 105개과를 모두 번역해서 실었다. 다음 〈표 1〉은 105개 과에 대한 번역명, 그레이의 영어 원본의 책에 기록되어 있는 영문명으로 구분해서 〈표〉를 작성하였다.

〈표 1〉 105개의 과(科)명

순번	과(科) 1908	과(科) 영문명
1	웨넌큘나족쇽	crowfoot family
2	믹노리아족쇽	magnolia family
3	아노나족쇽	custard-apple family
4	멘이스픔아족쇽	moonseed family
5	쌧쀨이다족쇽	barberry family
6	님피아족쇽	water-lily family
7	사라션이아족쇽	sidesaddle-flower family
8	베피퍼라족쇽	poppy family
9	퓨메리아족쇽	fumitory family
10	크루시펄아족쇽	cruciferous or cress family
11	웨시다족쇽	mignonette family
12	쌔이올나족쇽	violet family
13	씨스타족쇽	cistus family
14	하이페리가족쇽	St.John's-wort family
15	케리오퓔나족쇽	pink family
16	포틔울늬가족쇽	purslane family
17	밀바족쇽	mallow family
18	틸니아족쇽	linden family
19	킴밀리아족쇽	camellia family
20	오런틔아족쇽	orange family
21	리나족쇽	flax family
22	악스이리다족쇽	wood-sorrel family
23	쭐엔이아족쇽	geranium family
24	트로비올나족쇽	indian-cress family
25	쌔삼이나족쇽	balsam family
26	루타족쇽	rue family
27	인아카듸아족쇽	sumach family
28	파이다족쇽	grape family
29	왬나족쇽	buckthorn family
30	씰늬시트라족쇽	staff-tree family
31	사핀다족쇽	soapberry family
32	릐긔움민노사족쇽	pulse family
33	로사족쇽	rose family
34	킬니킨타족쇽	carolina-allspice family

35	리트라족속	lythrum family
36	오나그라족속	evening-primrose family
37	객타족속	cactus family
38	규커비다족속	courd family
39	비스풀노라족속	passion-flower family
40	쓰로쉴나족속	currant family
41	크리시울니족속	stonecrop family
42	식시푸리자족속	saxifrage family
43	엄벨리푸라족속	parsley family
44	아웨리아족속	aralia family
45	콘아족속	cornel family
46	기푸리보리아족속	honeysuckle family
47	루비아족속	madder family
48	쌜이리인아족속	valerian family
49	딥사족속	teasel family
50	김파싯다족속	composite or sunflower family
51	노빌니아족속	lobelia family
52	킴판율나족속	campanula family
53	에리가족속	heath family
54	익퀴포리아족속	holly family
55	에빈아족속	ebony family
56	푸런티진아족속	plantain family
57	푸럼쎄진아족속	leadwort family
58	푸렘율나	primrose family
59	쎅노니아족속	bignonia family
60	오로쎈카족속	broom-rape family
61	수크로필니리아족속	figwort family
62	쎄빈아족속	vervain family
63	레비엣타족속	sage or mint family
64	쏘리진아족속	borrage family
65	하이드로필나족속	waterleaf family
66	팔리몬이아족속	polemonium family
67	간발빌나족속	convolvulus family
68	솔니족속	nightshade family
69	쎈치안아족속	gentian family
70	이포사이나족속	dogbane family

71	이스클네피이다족속	milkweed family
72	씨스민아족속	jessamine family
73	올이아족속	olive family
74	이라스토녹이아족속	birthwort family
75	닉타씨이나족속	mirabilis family
76	파이돌나가족속	pokeweed family
77	젠오보리아족속	goosfoot family
78	이말인타족속	amaranth family
79	발니쏘나족속	buckwheat family
80	노라족속	laurel family
81	타이밀이아족속	mezereum family
82	어딕가족속	nettle family
83	풀니터나족속	plane-tree family
84	써그런다족속	walnut family
85	규찔리퍼라족속	oak family
86	쎗틔울나족속	birch family
87	실리가족속	sweet-gale family
88	실리가족속	willow family
89	콘니퍼라족속	pine family
90	팔마족속	palm family
91	알아족속	arum family
92	타이파족속	cat-tail family
93	일니스마족속	water-plantain family
94	툴에리아족속	trillium family
95	감멜니나족속	spiderwort family
96	번터드리아족속	pickerel-weed family
97	스마일넉쓰족속	greenbrier family
98	멜넌타족속	colchicum family
99	넬리아족속	lily family
100	이말웨리다족속	amaryllis family
101	일이다족속	iris family
102	옥키다족속	orchid family
103	쩐카족속	rush family
104	사이필아쪽속	sedge family
105	그르미나족속	grass family

애니 베어드(A.L.A Baird)의 『식물도설』 해제 · 17

　제5장까지 233면으로 번역한 후 영어원본과는 달리 편역본에서는 식물명목과 족속명목을 18면에 걸쳐 정리해 놓았다. 식물명목은 다음 〈표 2〉와 같이 가나다순으로 정렬해 놓았다.

〈표 2〉 식물명목

한글	한자	영어
각과	殼果	nut
간심	幹心	cellular tissue
공경	公莖	Receptacle
공긔풀	공기풀	air plants
괴경	塊莖	tuber
긔식	寄食	parasitie
나ᄌ문	裸子門	Gymnosperm
닉장경식물	內長莖植物	endogens
단ᄌ엽	單子葉	Monocotyledon
담과	淡果	pome
두상화	頭狀花	Head
디하경	地下莖	root stock
렬과	裂果	dehisscent fruit
린경	鱗莖	bulb
리판	離瓣	polypetalous
무판	無瓣	apetalous
번ᄌ엽	繁子葉	polycotyledon
번ᄌ웅	繁雌雄	polygamous
복총화	複總花	panicle
복지	匐枝	stolon
비	胚	germ or embryo
비쥬	胚珠	ovule
비유	胚乳	Albumen
산형화	繖形花	Umbel
산방화	繖房花	Corymb
쌍ᄌ엽	雙子葉	Dicotyledon
셤복지	纖匐枝	runner
쇼화경	소화경	Pedicel

수과	瘦果	Akene
슈샹화	穗狀花	spike
시과	翅果	key
악	萼	Calyx
악편	萼片	sepal
약	葯	anther
양긔	陽氣	Oxygen
영화류	穎花類	glumaceous
엽신	葉身	blade
엽병	葉柄	stipule
외쟝경식물	外長莖 植物	Exogen
우샹엽	羽狀葉	Pinnate leaf
우샹믹	羽狀脈	feather-veined
웅예	雄蕊	stamen
웅화	雄花	staminate flower
유아	幼芽	plumule
유근	幼根	radicle
유이화	葇荑花	catkin
육과	肉果	Bepo
육슈화	肉穗花	Spadix
육슈총화	肉穗總和	spadiceous
은화식물부	隱花植物部	cryptogam
합판	合瓣	monopetalous
합악편	合萼片	monosepelous
현화식물부	顯花植物部	phaenogam
흡지	吸枝	sucker
히과	核果	stone fruit
쟝샹엽	掌狀葉	Palmate leaf
쟝샹믹	掌狀脈	palmately
쟝과	漿果	berry
쥬두	柱頭	pistil
즈엽	子葉	colyledon
즈예	雌蕊	pistil
즈화	雌花	staminate flower
즈방	子房	ovary
즈포의	子袍衣	

애니 베어드(A.L.A Baird)의 『식물도설』해제 · 19

즈웅동쥬	雌雄同株	dioecious
총포	總苞	Involucre
총상화	總狀花	Raceme
취산화	聚繖花	cyme
탁엽	托葉	footstalk
탄긔	炭氣	Carbonic Acid
판	瓣	petal
판신	瓣身	Blade,(petal)
판경	瓣梗	blade
판샹류	瓣狀類	petaloideous
폐과	閉果	indehiscent fruit
포	苞	bract
포즈	胞子	spore
피접목	被接木	
피즈문	被子門	Angiosperm
화관	花冠	corolla
화사	花絲	filament
화비	靴篦	spathe
화개	花蓋	perianth
화쥬	花柱	style
화경	花梗	Peduncle
화분	花粉	Pollen

족속명목은 〈표 1〉과 같으며, 다만 가나다순으로 정렬해 놓았다.

마지막에는 영어원본과 같이 색인도 포함되어 있다. 전체적으로 영어원본에 비해 편역본은 줄여서 번역했기 때문에 색인은 영어원본에 비해서 소략하다. 다음 〈표 3〉은 식물 용어 색인이다.

〈표 3〉 식물 용어 색인(INDEX of Botanical Terms)

원명	한국명	한문명
Accessory Fruit	자방외비과	子房外肥菓
Aggregate Fruit	적립과	積疊菓

Air-Plants	공기풀	
Albumen	비유(배유)	胚乳
Anther	약	葯
Angiosperm	피자문	被子門
Akene	수과	瘦果
Apetalous	무판	無瓣
Berry	장과	漿果
Bepo	육과	肉果
Blade,(leaf)	엽신	葉身
Blade,(petal)	판신	瓣身
Bract	포	苞
Bulb	린경	鱗莖
Calyx	악	萼
Carbonic Acid	탄산	炭酸
Catkin	유이화	柔荑花
Cell	세포	細胞
Cellular Tissue	간심	幹心
Claw	판경	瓣莖
Complete flower	순전화	純全花
Compound fruit	합과	合菓
Compound leaf	합엽	合葉
Involucre	총포	總苞
Irregular flower	긔불상여화	機不相如花
Key	시과	翅果
Legume	협	莢
Monocotyledon	단주엽	單子葉
Monoecious	주웅동쥬	雌雄同柱
Monopetalous	합판	合瓣
Monsepalous	합악	合萼
Multiple fruit	성과	盛果
Netted-veined leaf	망믁엽	網脉葉
Neutral flower	무주웅화	無雌雄花
Nut	각과	殼菓
Organs of Growth	장셩기	長成機
Organs of Reproduction	생생기	生生機
Ovary	주방	子房

Ovule	비주	胚珠
Oxygen	양긔	陽氣
Palmate leaf	장상엽	掌狀葉
Palmately-veined	장상맥	掌狀脉
Panicle?	복총화	複總花
Parasite	긔식	寄食
Parallel-veined leaf	평행맥엽	平行脉葉
Pedicel	쇼화경	小花莖
Peduncle	화경	花莖
Compound pistil	합자예	合子蕊
Corolla	화관	花冠
Corymb	산방화	繖房花
Cotyledon	자엽	子葉
Cryptogram	은화식물부	隱花植物部
Cyme	취산화	聚散花
Dehiscent	렬과	裂菓
Dicotyledon	쌍자엽	雙子葉
Dioecious	자웅수주	雌雄殊柱
Drupe	히과	核果
Dry fruit	쳑과	瘠果
Endogen	내장경식물부	內長莖植物部
Exogen	외장경식물부	外長莖植物部
Filament	화사	花絲
Fleshy fruit	비과	肥菓
Footstalk	엽병	葉柄
Germ	비	胚
Glumaceous	영화류	穎花類
Gymnosperm	나자문	裸子門
Feather-veined	우상맥	羽狀脉
Head	듀상화	頭狀花
Imperfect flower	부족화	不足花
Incomplete flower	미전화	未全花
Indehiscent	폐과	閉菓
Simple leaf	단엽	單葉
Simple stem	단경	單莖
Spadacious	육슈총화	肉穗總花

Spadix	육수화	肉穗花
Spathe	화비	花篦
Spike	수상화	穗狀花
Spores	포자	胞子
Stamen	웅예	雄蘂
Stamenate	웅화	雌花
Stigma	쥬두	柱頭
Stipule	탁엽	托葉
Stolon	복지	匐枝
Style	화쥬	花柱
Sucker	흡지	吸枝
Symmetrical flower	수ㅅ화	數似花
Tuber	괴경	塊莖
Umbel	산형화	繖形花
Unsymmetrical flower	미수ㅅ화	未數似花
Perfect flower	족화	足花
Perianth	화개	花蓋
Petal	판	瓣
Petaloidous	판상류	瓣狀類
Phaenogam	현화식물부	顯花植物部
Pinnate leaf	우상엽	羽狀葉
Pistil	주예	雌蕊
Pistillate	주화	雌花
Plumule	유아	幼芽
Pod	도토리	橡
Pollen	화분	花粉
Polypetalous	리판	離瓣
Polygamous	번자웅	繁子葉
Polysepalous	리악편	
Pome	담과	淡菓
Raceme	총샹화	總狀花
Radicle	유근	幼根
Receptacle	공경	公莖
Regular flower	긔양각여화	機樣各如花
Rootstock	디하경	地下莖
Runner	섬복지	纖匐枝

Scion	피접목	被接木
Sepal	악편	萼片
Simple-fruit	단과	單菓

3. 의의

일제강점기 조선사연구자들은 한국사의 전개 과정을 타율적이고 정체적 역사로 기술하였다. 이에 대해 한국 지식인들은 이에 대응하기 위해 한국사는 일본인 조선사연구자들의 주장대로 타율적이고 정체되지 않았다는 것을 입증하는 연구를 하기 시작했다.

오랫동안 일본은 식민지 지배를 통해 한국인들에게 서양 근대과학기술을 도입시켜 교육시켰다고 주장했다. 그러나 2000년대에 들어서면서 이를 반박하는 연구가 진행되기 시작했다. 조선 정부의 서양 근대 의학의 도입, 근대 과학기술 인력의 출현, 서구 근대 과학 기술서의 도입, 기술관원 집단의 형성 등과 관련된 연구 성과가 나오면서 일제 강점 이전의 서양근대과학과 관련된 연구의 지평이 더욱 확대되고 있다.

그중에서 김연희는 『한국근대과학형성사』(들녘, 2016)와 『한역 근대과학기술서와 대한제국의 과학: 근대과학으로의 여정』(혜안, 2019)을 통해 개항 이후 중국을 통해 조선정부가 주도적으로 도입하기 시작한 서양 근대과학의 역사를 밝히고 이러한 과정이 일제 강점으로 굴절될 수밖에 없었던 역사를 다루었다. 이를 통해 조선 정부가 도입하고자 했던 서구 근대과학에 대한 전모가 드러나면서 서양근대과학이 일제에 의해 처음 도입되었다는 주장은 설 자리를 점차 상실해가고 있다.

1876년 개항 이후 조선정부는 중국을 통해 서양의 근대과학기술서를 도입하였다. 조선 정부는 서양 근대과학기술을 도입하기 위해 외교사절을 통한

정보를 수집하고 정부 내에 새로운 조직을 신설하였으며 인력을 양성하였다. 1876년 일본에 세 차례에 걸친 수신사 파견, 신사유람단 혹은 조사시찰단 등을 보내어 서양 문물 도입 상황과 운영 등에 대한 것을 살피도록 하였다. 1883년에는 사절단 보빙사를 미국에 파견하여 서양의 근대 문명을 직접 경험하도록 하였다. 이와 같이 외교 정세를 파악하여 통상과 서양 문물을 도입하기 위한 기구로서 통리기무아문을 설치하였다. 아울러 조선 정부는 1870년대 말부터 청국으로 파견된 외교사신단을 통해 220종 이상의 서양 한역번역서를 수집하였다. 제2차 수신사로 파견된 김홍집은 주일 청국공사관 황준헌에게서『조선책략』과 정관응의『이언』등을 받아왔다.3) 조선정부가 청국에서 수집한 서양 한역번역서 220종에서 현재 남아 있는 것은 160종이다. 소장되어 있는 곳은 규장각한국학연구원, 서울대학교 중앙도서관, 숭실대학교 기독교박물관, 이화여자대학교 중앙도서관, 고려대학교 중앙도서관 등이다. 숭실대학교 기독교박물관에서는 47종의 관련서적이 소장되어 있다. 규장각 한국학연구원 다음으로 많이 보관하고 있다.4) 각 기관에서 보관하고 있는 서적 중 가장 많은 분야가 격치이며, 그 다음으로 수학, 무비, 예기 및 기술, 의학 등이다.5)

　식물학도 이때 처음 수집되었다. 도입된 책은 영국인 알렉산더 윌리엄슨(韋廉臣)이 집역(輯譯)하고 중국인 이선란(李善蘭)이 필술(筆述)하였다. 알렉산더 윌리엄슨은 1877년 상해에서 조직된 익지서회(益智書會)를 감독하던 서양 학사 6인 중의 한사람이었다. 익지서회는 중국에서 선교와 근대 서양 지식 보급에 힘썼던 단체였다.6) 식물학의 원본은 영국 식물학자 로버트 손튼

---

3) 김연희,『한국근대과학형성사』, 들녘, 2016, 57쪽.
4) 김연희,『한역 근대과학기술서와 대한제국의 과학』, 혜안, 2019, 29쪽.
5) 위의 책, 26쪽, 41쪽.
6) 허재영,「근대 중국의 서양서 번역·보급과 한국 근대 학문에 미친 영향 연구」,『한민족어문학』76, 2017, 23쪽. 서양 학사 6인은 북경의 정위량(丁韙良, 윌리엄 마틴), 연대의 위렴신(韋廉臣, 알렉산더 윌리엄슨), 등주의 적고문(狄考文, 칼빈 윌슨 매티어), 상해의 부란아(傅蘭雅, 존 프라이어), 임낙지(林樂知, 알렌), 홍콩의 여역기(黎力基, 루들프 레슬러) 등이었다.

(Robert J. Thornton)이 1812년에 저술한 *Elements of Botany*였다. 이와 함께 영국 선교사 에드킨스(Joseph Edkins)가 중국어로 번역한 『식물학계몽』도 도입되었다. 원본은 1877년 후커(J.D.Hooker)가 저술한 Botany였다. 이상설은 19세기말 『식물학계몽』의 일부를 필사하여 「식물학」을 작성하였다.[7] 이상설은 1895년 설립된 관립한성사범학교의 교관으로 재직하며 학생들을 가르쳤다.

한성사범학교는 서양 근대과학을 중심으로 교과목을 편성하였다. 그중에서 '박물'이라는 교과목에서 식물학을 가르쳤다. 식물학에 대한 소개는 지식인들에 의해 학회지, 즉 『기호흥학회월보』, 『서북학회월보』 등에서 여러 차례에 걸쳐 소개되었다.[8] 1908년 윤태영은 보성각에서 『식물학교과서』를 번역하여 출간하였다. 이때 애니 베어드도 『식물도설』을 번역 발간했던 것이다. 『식물도설』 편찬 목적은 기독교 선교와 관련되어 있었다. 이는 전술한 바와 같이 마태복음 6장 28절에서 31절의 성경 구절을 인용하면서 하나님이 사람을 위하여 식물을 만들었음을 주장하고 있는 부분이다. 식물학을 학생들에게 공부시키는 것도 이와 같은 인식에서 비롯되었던 것이다.

1906년에 설치된 일제 통감부는 한국인들의 서양근대과학의 도입과 지식 전파를 방해하기 위하여 학부에 일본인을 고용해서 일본어로 교과서를 편찬하게 하였다. 일본어를 습득하지 못한 한국인들은 이과 교육에서 철저하게 배제되었다. 그리고 서양 근대과학이 아닌 하급 기술자 양성을 우선시하는 정책으로 전환시켰다.[9]

이러한 역사적 상황에서 애니 베어드가 번역 출간한 『식물도설』은 일제강점 이후에도 평양 숭실대학에서 교재로 계속 사용되었으며, 숭실 학생들에게 서양 근대과학을 배울 수 있는 기회를 주었다. 이러한 의미에서 애니 베어드

---

[7] 자세한 것은 박영민 이외, 「수학자 이상설이 소개한 근대자연과학: 〈식물학〉」, 『수학교육논문집』 25-2, 2011, 341~360쪽 참조.
[8] 김연희, 『한국근대과학형성사』, 311~312쪽.
[9] 김연희, 『한역 근대과학기술서와 대한제국의 과학』, 204~207쪽.

의 『식물도셜』은 한국 근대과학사 연구를 위해서도 매우 중요한 자료이며, 아울러 『식물도셜』에서 번역된 학술용어들과 오늘날 사용되고 있는 식물학 관련 학술용어들을 비교함으로써 식물학 관련 학술용어들이 어떤 변화과정을 거치면서 정착되었는지를 밝힐 수 있는 중요한 근거 자료가 될 수 있을 것이다.

【참고문헌】

김승태 · 박혜진, 『내한선교사총람』, 한국기독교역사연구소, 1994.
김연희, 『한국근대과학형성사』, 들녘, 2016.
김연희, 『한역 근대과학기술서와 대한제국의 과학』, 혜안, 2019.
박영민 이외, 「수학자 이상설이 소개한 근대자연과학: 〈식물학〉」, 『수학교육논문집』 25-2, 2011.
숭실대학교, 『숭실대학교 100년사』, 숭실대학교 100년사 편찬위원회, 1997.
오지석, 「해제:개화기 조선선교사의 삶」, 『Inside Views fo Mission Life(1913): 개화기 조선 선교사의 삶』, 도서출판 선인, 2019.
한명근, 「한국기독교박물관 소장 근대 자료의 내용과 성격」, 『한국기독교박물관 자료를 통해 본 근대의 수용과 변용』, 도서출판 선인, 2019.
허재영, 「근대 중국의 서양서 번역 · 보급과 한국 근대 학문에 미친 영향 연구」, 『한민족어문학』76, 2017.

원문

식물도셜

GRAY'S BOTANY

FOR

YOUNG PEOPLE AND COMMON SCHOOLS

ADAPTED FROM THE ENGLISH

BY

ANNIE L. A. BAIRD

1908

FOREWORD TO THE FOREIGN TEACHER.

It may seem strange in a remark prefatory to a text-book, to advise against its exclusive use in the class-room, but I will say as a matter of personal experience, that I never had any success in teaching the subject of Botany to a class of Koreans as long as I undertook to begin at once with the use of the text-book. But when I laid the book entirely aside to begin with, and devoted a week or two to giving an outline of the subject by means of oral lectures, with real flowers, leaves' stems, roots, etc., for texts, I met with a good show of enthusiasm, and the book was taken up afterward with interest and profit.

ACKNOWLEDGMENT.

Thanks are due to various students of the Pyeng Yang Academy but especially to Cha Lee Suk for help in the preparation of this volume.

CONTENTS.

For the benefit of foreign teachers or superintendents who may wish to ascertain at a glance the scope of this volume, the following table of contents is appended.

CHAPTER I.—How Plants Grow, and what their Parts or Organs are.
 SECTION 1. The Parts of a Plant.
 „   2. How Plants grow from the Seed.
 „   3. How Plants grow from Year to Year.
 „   4. Different forms of Roots, Stems and Leaves.

CHAPTER II.—How Plants are Propagated or Multiplied in numbers.
 SECTION 1. How Propagated from Buds.
 „   2. How Propagated by Seeds.
 „   3. Flowers; their Arrangements, Sorts, etc.
 „   4. Fruit and Seed.

CHAPTER III.—Why Plants Grow; what they are made for and what they do.

CHAPTER IV.—How Plants are Classified and Studied.
 SECTION 1. Classification.
 „   2. How to study Plants by the Flora in Chap. V.

CHAPTER V.—A Popular Flora for Beginners to the extent of a Classification of the natural Orders of Plants.

A List of Terms which are given throughout the book in both Chinese and Unmoon.

Indices and Glossaries.

INDEX AND NUMBER OF ORDERS.

Alismaceæ	93
Amarantaceæ	78
Amaryllidaceæ	100
Anacardiaceæ	27
Anonaceæ	3
Apocynaceæ	70
Aquifoliaceæ	54
Araceæ	91
Araliaceæ	44
Aristolochiaceæ	74
Asclepiadaceæ	71
Aurantiaceæ	20
Balsaminaceæ	25
Berberidaceæ	5
Betulaceæ	86
Bignoniaceæ	59
Borraginaceæ	64
Cactaceæ	37
Calycanthaceæ	34
Camelliaceæ	34
Camelliaceæ	19
Campanulaceæ	52
Caprifoliaceæ	46
Caryophyllaceæ	15
Celastraceæ	30
Chenopodiaceæ	77
Cistaceæ	13
Commelynaceæ	95
Compositæ	50
Coniferæ	89
Convolvulaceæ	67
Cornaceæ	45
Crassulaceæ	41
Cruciferæ	10
Cucurbitaceæ	38
Cupuliferæ	85
Cyperaceæ	104
Dipsaceæ	49
Ebenaceæ	55
Ericaceæ	53
Fumariaceæ	9
Gentianaceæ	69
Geraniaceæ	23
Gramineæ	105
Grossulaceæ	40
Hydrophyliaceæ	65
Hypericaceæ	14
Iridaceæ	101
Jasminaceæ	72
Juglandaceæ	84
Juncaceæ	103

II

Labiatæ	63
Lauraceæ	80
Leguminosæ	32
Liliaceæ	99
Linaceæ	21
Lobeliace	51
Lythraceæ	35
Magnoliaceæ	2
Malvaceæ	17
Melanthaceæ	98
Menispermaceæ	4
Myricaceæ	87
Nyctaginaceæ	75
Nymphæaceæ	6
Oleaceæ	73
Onagraceæ	36
Orchidaceæ	102
Orobanchaceæ	60
Oxalidaceæ	22
Palmæ	90
Papaveraceæ	8
Passifloraceæ	39
Phytolaccaceæ	76
Plantaginaceæ	56
Platanaceæ	83
Plumbaginaceæ	57
Polemoniaceæ	66
Polygonaceæ	79
Pontederiaceæ	96
Portulaccaceæ	16
Primulaceæ	58
Ranunculaceæ	1
Resedaceæ	11
Rhamnaceæ	29
Rosaceæ	33
Rubiaceæ	47
Rutaceæ	26
Salicaceæ	88
Sarraceniaceæ	7
Sapindaceæ	31
Saxifragaceæ	42
Scrophulariaceæ	61
Smilaceæ	97
Solanaceæ	63
Thymeleaceæ	81
Tiliaceæ	18
Trilliaceæ	94
Tropæolaceæ	24
Typhaceæ	92
Umbelliferæ	43
Urticaceæ	82
Valerianaceæ	48
Verbenaceæ	62
Violaceæ	12
Vitaceæ	28

LIST OF ENGLISH WORDS USED.

Amorpha	Order	32
Anemone	"	31
Arbor Vitæ	"	89
Bluet	"	47
Buckeye	"	41
Catalpa	"	3
Celandine	"	59
Chicory	"	8
Checkerberry	"	50
Comfrey	"	53
Coreopsis	"	64
Cranberry	"	50
Dicentra	"	53
Dogbane	"	9
Dogtooth violet	"	70
Escholtzia	"	99
Flax	"	8
Forgetmenot	"	21
Frostweed	"	64
Gerardia	"	13
Ginger	"	61
Hedge-hyssop	"	74
Henbane	"	61
Hibiscus	"	68
Hollyhock	"	17
Indigo	"	17
Linden	"	32
Leatherwood	"	18
Marshmallow	"	81
Marigold	"	17
Palm	Par.	1
Pawpaw	"	85
Penstemon	"	3
Phlox	"	61
Pokeweed	"	66
Polemonium	"	76
Portulacca	"	66
Sage	"	16
Sandspurrey	"	63
Sandwort	"	15
Spiderwort	"	15
Stramonium	"	95
Sweet Cicely	"	68
Tecoma	"	43
Toadflax	"	59
Toothwort	"	61
Trillium	"	10
Waterleaf	"	94
	"	65

INDEX OF BOTANICAL TERMS.

Accessory Fruit … …	조방외비파… …	子房外肥菓 …	180절
Aggregate Fruit … …	젹립파… …	積疊菊 … …	180 ,,
Air-Plants … … …	공긔풀… …		69 ,,
Albumen… … … …	비유 … …	胚乳 … …	37 ,,
Anther … … … …	야… …	葯 … …	13 ,,
Angiosperm … … …	피즈문… …	被子門 … …	165 ,,
Akene … … … …	수파 … …	瘦菓 … …	174 ,,
Apetalous … … …	무판 … …	無瓣 … …	222 ,,
Berry … … … …	쟝파 … …	漿菓 … …	169 ,,
Bepo … … … …	육파 … …	肉菓 … …	170 ,,
Blade, (leaf) … … ,,	엽신 … …	葉身 … …	92 ,,
,, (petal) … …	판신 … …	瓣身 … …	143 ,,
Bract … … … …	포… …	苞… …	124 ,,
Bulb… … … … …	린경 … …	鱗莖 … …	62 ,,
Calyx … … … …	악… …	萼… …	10 ,,
Carbonic Acid… … …	탄산 … …	炭酸 … …	199 ,,
Catkin … … … …	유이화… …	荑苐花… …	133 ,,
Cell … … … … …	셰포 … …	細胞 … …	18 ,,
Cellular tissue… … …	간심 … …	幹心 … …	83 ,,
Claw … … … …	판경 … …	瓣莖 … …	143 ,,
Complete flower … …	슌젼화… …	純全花… …	148 ,,
Compound fruit … …	합파 … …	合菓 … …	180 ,,
,, … leaf … …	합엽 … …	合葉 … …	93 ,,

Compound pistil	합ᄌᆞ예	合子蕊	163절
Corolla	화관	花冠	12 ,,
Corymb	산방화	繖房花	129 ,,
Cotyledon	ᄌᆞ엽	子葉	20 ,,
Cryptogram	은화식물부	隱花植物部	118 ,,
Cyme	취산화	聚繖花	139 ,,
Dehiscent	렬과	裂菓	173 ,,
Dicotyledon	쌍ᄌᆞ엽	雙子葉	40 ,,
Dioecious	ᄌᆞ웅슈쥬	雌雄殊柱	152 ,,
Drupe	희과	核菓	172 ,,
Dry fruit	쳑과	瘠菓	173 ,,
Endogen	너장경식물부	內長莖植物部	85 ,,
Exogen	외장경식물부	外長莖植物部	87 ,,
Filament	화사	花絲	13 ,,
Fleshy fruit	비과	肥菓	167 ,,
Footstalk	엽병	葉柄	92 ,,
Germ	비	胚	20 ,,
Glumaceous	영화류	穎花類	226 ,,
Gymnosperm	나ᄌᆞ문	裸子門	165 ,,
Feather-veined	우샹믹	羽狀脈	110 ,,
Head	두샹화	頭狀花	130 ,,
Imperfect flower	부족화	不足花	151 ,,
Incomplete flower	미젼화	未全花	150 ,,
Indehiscent	폐과	閉菓	173 ,,

Involucre	총포	總苞	136절
Irregular flower	겨불샹여화...	機不相如花...	159 ,,
Key	시과	翅菓	178 ,,
Legume	협	莢	179 ,,
Monocotyledon	단즈엽	單子葉	40 ,,
Monoecious	즈웅동쥬 ...	雌雄同柱 ...	152 ,,
Monopetalous	합관	合瓣	161 ,,
Monosepalous	합악	合萼	161 ,,
Multiple fruit	셩과	盛菓	184 ,,
Netted-veined leaf	망믹엽	網脉葉	97 ,,
Neutral flower	무즈웅화 ...	無雌雄花 ...	155 ,,
Nut	각과	殼菓	177 ,,
Organs of Growth	쟝셩긔	長成機	...1 ,,
Organs of Reproduction ...	셩셩긔	生生機	...1 ,,
Ovary	즈방	子房	14 ,,
Ovule	비쥬	胚珠	14 ,,
Oxygen	양긔	陽氣	199 ,,
Palmate leaf	쟝샹엽	掌狀葉	103 ,,
Palmately-veined	쟝샹믹	掌狀脉	100 ,,
Panicle	복총화	複總花	138 ,,
Parasite	긔식	寄食	70 ,,
Parallel-veined leaf	평힝믹엽 ...	平行脉葉 ...	97 ,,
Pedicel	쇼화경	小花莖	125 ,,
Peduncle	화경	花莖	125 ,,

Perfect flower	죡화	足花	149절
Perianth	화개	花蓋	142 ,,
Petal	판	瓣	16 ,,
Petaloidous	판샹류	瓣狀類	225 ,,
Phaenogam	현화식물부	顯花植物部	119 ,,
Pinnate leaf	우샹엽	羽狀葉	103 ,,
Pistil	즈예	雌蕊	14 ,,
Pistillate	즈화	雌花	151 ,,
Plumule	유아	幼芽	26 ,,
Pod	도토리	橡	177 ,,
Pollen	화분	花粉	14 ,,
Polypetalous	리판	離瓣	220 ,,
Polygamous	번즈웅	繁子葉	39 ,,
Polysepalous	리악편		
Pome	담과	淡菓	171 ,,
Raceme	총샹화	總狀死	126 ,,
Radicle	유근	幼根	20 ,,
Receptacle	꼿경	公莖	141 ,,
Regular flower	긔양각여화	機樣各如花	158 ,,
Rootstock	디하경	地下莖	61 ,,
Runner	섬복지	纖匐枝	77 ,,
Scion	피졉목	被接木	113 ,,
Sepal	악편	萼片	16 ,,
Simple-fruit	단과	單菓	167 ,,

Simple leaf	단엽	單葉	93절
„ stem	단경	單莖	42„
Spadacious	육슈총화	肉穗總花	224„
Spadix	육슈화	肉穗花	134„
Spathe	화비	花箆	135„
Spike	슈상화	穗狀花	131„
Spores	포즈	胞子	118„
Stamen	웅예	雄蕊	103„
Stamenate	웅화	雄花	151„
Stigma	쥬두	頭柱	14„
Stipule	탁엽	托葉	92„
Stolon	복지	匐枝	76„
Style	화쥬	花柱	14„
Sucker	흡지	吸枝	78„
Symmetrical flower	수ㅅ화	殼似花	156„
Tuber	괴경	塊莖	50„
Umbel	산형화	繖形花	129„
Unsymmetrical flower	미수ㅅ화	未數似花	157„

족속명목		십칠
파이돌나가	Phytolaccaceae	76
팔리몬이아	Polemoniaceae	66
팔마	Palmaceae	90
포틔울니가	Portulaccaceae	16
푸린틔진아	Plantaginaceae	56
푸럼썩진아	Plumbaginaceae	57
푸렘율나	Primulaceae	58
풀닉틔나	Platanaceae	83
퓨메리아	Jumeriaceae	9
하이페리가	Hypericaceae	14
하이드로필나	Hydrophyllaceae	65
왬나	Rhamnaceae	29
웨넌큘나	Ranunculaceae	1

족속명목		십륙
콘니퍼라	Coniferae	89
크루시펄아	Cruciferae	10
크릿시울나	Crassulaceae	41
킬니킨타	Calycantaceae	34
킴밀리아	Camslliaceae	19
킴판울나	Campanalaceae	52
타이밀이아	Thymelaeaceae	81
타이파	Thyphaceae	92
텔니아	Tiliaceae	18
툴에리아	Trilliaceae	94
트로버울나	Tropaeolaceae	24
파이타	Vitaceae	28
파이놀나	Pirola	53

족속명목

익말웨리다	Amaryllidaceae	100
익스클네피익다	Asclepiadaceae	71
익파사이나	Apocinaceae	76
인아카듸아	Anacardiaceae	27
익퀴포리아	Agnifoliaceae	54
젠오보리아	Chenopouiaceae	77
쩌그린다	Juglandaceae	84
쩐카	Juncaceae	103
쩐치안아	Gentianaceae	69
쫄엔이아	Geraniaceae	23
씨스민아	Jasminaceae	72
케리오필나	Caryophillaceae	15
콘아	Cornaceae	45

십오

족속명목

족속명	Latin	쪽수
에리가	Ericaceae	53
에리가	Erica	53
에빈아	Ebenaceae	55
에스쿨나	Aescula	31
오린듸아	Aurantiaceae	20
오나그라	Onagraceae	36
오로쌘카	Orobanchaceee	60
옥키다	Orchidaceae	102
올이아	Oleaceae	73
일이다	Tridaceae	101
일이스마	Alismaceae	93
의리스토녹이아	Aeistolochiaceae	74
익말인타	Amarantaceae	78

족속명목			
에셔	Acer	......	31
엄벨리푸라	Umbrllirae	......	43
얼머스	Ulmus	......	82
어듸가	Urtica	......	82
어듸가	Urticaceae	......	82
알아	Araceae	......	91
악스일리다	Oxalidaceae	......	22
아쒀리아	Araliaceae	......	44
아노나	Anonaceae	......	3
실리가	Salicaceae	......	88
석시프라자	Saxifragaceae	......	42
씰나스트라	Celastraceae	......	30
씨스타	Cistaceae	......	13

십삼

족속명목

쌀이리인아	Valerianaceae	48
쎗울나	Betulaceae	86
쏘리진아	Borraginaceae	64
비거스	Ficas	82
썩노니아	Bignoniaceae	59
빗스풀노라	Passifloraceae	39
사라셴이아	Saraceniaceae	7
사핀다	Sapindaceae	31
사이필아	Cyperaceae	104
솔닉나	Solanaceae	68
수크로필닉리아	Scrophulariaceae	61
스넷필니아	Stayhilea	31
스마일닉쓰	Smilaceae	97

십이

족속명목		
만오트로바	Monotropa	53
멘이스픔아	Menisyermaceae	
멜닌다	Melanthaceae	4
미리가	Myricaceae	98
믹노리아	Magnoroliaceae	87
밀바	Malvaceae	2
발니쉬나	Polygonaceae	17
쌔이올나	Violaceae	79
쌔삼이나	Balsiminaceae	12
번터듸리아	Pontedenaceae	25
써빈아	Verbenaceae	96
베피퍼라	Papaveraceae	62
썰씰이다	Berberidaceae	8

십일 5

족속명목

십

넬리아	Liliaceae 99
노빌니아	Lobeliaceae 51
노라	Lauraceae 80
닉타찌이나	Nictaginaceae 75
님피아	Nymphaceae 6
딥사	Dipsaceae 49
레비엣타	Labiatae 63
로사	Rosaceae 33
루타	Rulaceae 26
루비아	Rubiaceae 47
릐기움민노사	Leguminosae 32
리나	Linaceae 21
리트라	Lythraceae 35

족 속 명 목

족속명목		
간발빌나	Convolvulaceae	67
감파싯다	Compositae	50
감멜니나	Commelynaceae	95
게일너시시아	Gaylussacia	53
규필리퍼라	Cupuliferae	85
규커비다	Cucurbitaceae	38
그리미나	Graminaceae	105
쓰로쉴나	Grossulaceae	40
킥타	Cactaceae	37
키푸리보리아	Caprifoliaceae	46
키니버스	Cannibus	82

구

식물명목

폐과	閉果	173 절
포	苞	124 절
포즈	胞子	118 절
피접목	被木接	113 절
피즈문	被子門	165 절
화관	花冠	12 절
화사	花絲	13 절
화비	花篦	135 절
화개	花蓋	142 절
화쥬	花柱	14 절
화경	花梗	125 절
화분	花粉	14 절

칠

식믈명목 륙

ᄌ방	子房	14절
ᄌ포의	子胞衣	18절
ᄌ웅동쥬	雌雄同株	152절
ᄌ웅슈쥬	雌雄殊株	153절
총포	總苞	136절
총샹화	總狀花	126절
취산화	聚繖花	139절
탁엽	托葉	92절
탄긔	炭氣	199절
판	瓣	16절
판신	瓣身	16절
판경	瓣梗	143절
판샹류	瓣狀類	225절

식물명목												
조화	조예	조엽	쥬두	쟝과	쟝상믹	쟝상엽	히과	흡지	협	현화식물부	합악편	합판
雌花	雌蕊	子葉	柱頭	漿果	掌狀脉	掌狀葉	核果	吸枝	莢	顯花植物部	合萼片	合瓣
151	14	20	14	169	100	103	172	78	179	119	161	161
결	결	결	결	결	결	결	결	결	결	결	결	결

오

식물명목

엽병	葉柄	92 결
외장경식물	外長莖植物	87 결
우상엽	羽狀葉	103 결
우상믹	羽狀脉	100 결
웅예	雄蕊	13 결
웅화	雄花	151 결
유아	幼芽	26 결
유근	幼根	20 결
유이화	葇荑花	133 결
육과	肉果	177 결
육슈화	肉穗花	134 결
육슈총화	肉穗總花	224 결
은화식물부	隱花植物部	118 결

식물명목

산방화 繖房花	129 결
쌍ᄌ엽 雙子葉	40 결
셤복지 纖匐枝	77 결
쇼화경	125 결
수과 瘦果	174 결
슈샹화 穗狀花	131 결
시과 翅果	178 결
악 萼	10 결
악편 萼片	16 결
약 葯	13 결
양긔 陽氣	199 결
영화류 穎花類	226 결
엽신 葉身	92 결

삼

식물명목

디하경	地下莖	61 절
렬과	裂果	173 절
린경	鱗莖	62 절
리판	離瓣	220 절
무판	無瓣	222 편
번즛엽	繁子葉	39 절
번즛웅	繁雌雄	154 절
복총화	複總花	138 절
복지	匍枝	76 절
비	胚	20 절
비쥬	胚珠	14 절
비유	胚乳	37 절
산형화	繖形花	129 절

이

식 물 명 목

각과 殼果	177 결
간심 幹心	83 결
공경 公莖	141 결
공괴물	69 결
괴경 塊莖	59 결
긔식 寄食	70 결
나즈문 裸子門	165 결
닉쟝경식물 內長莖植物	85 결
단즈엽 單子葉	40 결
담과 淡果	171 결
두샹화 頭狀花	130 결

식물명목 일

(105) 그리미나족쇽

대단히요긴혼거신티줄기는집이오닙사귀는니엄니엄붓흔거시오꼿슨일이등으로되는거에셔나눈티꼿마다겨둘이잇고꼿나눈슈샹화(穗狀花)마다겨둘이잇눈거시라

이족속에드눈것즁에베와조와강녕이와슈슈와밀과보리와귀이리와피와기쟝이와쌈디가이족속에드러갓느니라

식물도셜

식물도셜죵

이빅삼십삼

(3) 영화류등분이라

(103) 쩐카족속

이족속에잇는화개(花盖)는겨와굿흔디악(萼)과굿치서로굿흔여숫조각이잇고웅예(雄蕊)는여숫잇는것도잇고셋잇는것도잇스며즈방(子房)도세모잇는거시오화쥬(花柱)는흔나히요쥬두(柱頭)는셋시오고토리는씨셋만잇고혹만히잇느니라

(104) 사이필아족속

화개(花盖)업고꼿슨두상화(頭狀花)나슈상화(穗狀花)모양으로씩씩ᄒᆞ게되여셔꼿마다흔겨쌈에셔나는거시신디이족속도과히어려워셔처음공부ᄒᆞ는사ᄅᆞᆷ은잘못ᄒᆞᆯ거시라

(102) 옥키다죡쇽

이죡쇽에잇는솟슨긔계가셔로굿지아니ᄒ고보기이샹ᄒ되화개(花盖)는일빅과일빅일죡쇽과굿치ᄌ방(子房)우헤셔나는것과굿고그분간되는거슨웅예(雄蕋)가ᄒ나히나둘밧ᄯᅦ업셔화쥬(花柱)이나쥬두(柱頭)가ᄒᆞᆷ씌붓ᄒᆞᆫ거시오이죡쇽은공부ᄒᆞ기가어려워쳐음공부ᄒᆞ는사ᄅᆞᆷ은잘못ᄒᆞᆯ거시라

이죡쇽에드는것즁에길부득이와부득

이죡쇽에드는것즁에길부득이와부득
셔혹판(瓣)모양이니라
세방이잇셔씨만히나고화쥬(花柱)는ᄒᆞ나히요쥬두(柱頭)는셋신듸반반ᄒᆞ고빗치잇
화개(花盖)밧쎡등압혜셔나는거시오약(葯)은외면으로향ᄒᆞ는거시며ᄌ방(子房)은
잇스며화개(花盖)동아리솟ᄒᆞᆫ조방(子房)에붓ᄒᆞᆫ거시오웅예(雄蕋)는셋신듸ᄒᆞ나식
는니엄니엄붓ᄒᆞᆫ거시라솟슨다죡ᄒᆞ되긔계는져막금굿ᄒᆞᆫ것도잇고굿지아니ᄒᆞᆫ것도

(101) 일이다족쏙

풀인디 뿌리는디 하경(地下莖)이나 린경(鱗莖)이 되여 여러히 동안 사는거시오 닙사귀 풀 인디 뿌리는디 하경(地下莖)이나 린경(鱗莖)이 되여 여러히 동안 사는거시 오 닙사귀

(1) 난쟝이 말닝이 샛시라
(2) 그 화쥬와 그 판굿흔 쥬두 셋과 웅예 둘을 뵈는거시라
(3) 크게 뵈인 주방과 그 화개 아릭 편을 기리로 버힌거시라
(4) 주방을 가로 버힌거시라
(5) 씨라
(6) 크게 뵈인 씨인디 그 속에 잇는 비롤 뵈이는 거시라

양이여 솟시 오녓되는 거슨 흔나 밧쎄 업스며 다 곳치 빗나고 조방(子房)과 붓지 안코 다

공경에셔 나는 거시 오 웅예(雄蕊)의 수가 화개(花盖) 닙과 합ᄒ고 약(葯)은 안흐로 향ᄒ

는거시라 조예(雌蕊)는 흔 나히 요 조방(子房)은 셋신 듸 혹은 두 방이며 화쥬(花柱)는 흔

나히라도 쥬두(柱頭)는 조방(子房)의 방수와 합ᄒ고 열민는 고 도리이나 장과(漿果)이

나 되ᄂ니라

이족속에 드는 것 즁에 빅합과 팡이

(100) 이 말웨리 다 족속

이족속은 빅합꼿족속과 굿ᄒ되 그 여 ᄉᆞᆺ 조각 잇는 화개(花盖) 아릭편이 조방(子房)에 붓

허셔 조방(子房)에셔 나는 것ᄀᆞ고 웅예(雄蕊)는 여 ᄉᆞᆺ시 오 열민는 세 방 잇는 고도리오

이 풀은 린경(鱗莖)에셔 나셔 버슨 줄기와 긴 닙사귀가 나는 거시오 이 족속에 독ᄒ 거시

잇ᄂ니라

식물도설

(99) 녤리아족속

오즛방(子房)은 훈나 힌틔방은 셋시오 화쥬도 셋되여 흔흔거슨 각각 호되 혹은 홈쇠 붓허 훈나 된거시오 이족속중에 독훈거시 잇느니라

이족속에 풀이 만히 되여 각석 모양이 잇 스니 닙사귀는 평힝 믹엽이오 엽병 (葉柄) 업시 니엄니엄 붓흔 것도 잇스며 솟 슨 족호고 긔게는 서로 다굿훈거시오 화개(花蓋)는 판(瓣) 모

(1) 쏘옥 드옷파이 울닛뭇시라
(2) 그 의린 경이라
(3) 화개를 버혀 펴쳐 융예를 뵈는 거시라
(4) 크게 븨인 조예라
(5) 크게 븨인 고토리 아릭 판이라

화개(花蓋)가 푸르고 조각이 여숫신되 아릭닷히 붓허 통모양된거시오 그웃조각셋슨 좀더 붓허 입수 모양된거시라 열미는 적어셔 흔씨 만나는거시오 웅예(雄蕊)는 여숫시오 화쥬(花柱)는 흔나히요 쥬두(柱頭)는 셋시라

(97) 스마일닉쓰족쇽

넉굴인되 손이 엽병(葉柄) 좌우편에셔 둘이 나는거시오 닙스귀는 외쟝명식물(外長莖植物) 초목과 곳고 쏘어 그러지게 나 고단 것 되여 아삭아삭지 아니흔거시 오혹은 송빅과 곳치 늘 푸른거시라 삿슨 즈웅슈쥬(雌雄殊株) 인되 닙사귀 쌈에셔 산형화(繖形花) 모양으로 나는거시오 화개(花蓋)는 각각 된 조각이여 숫신되 푸른거시라

(98) 멜닌타족쇽

풀인되 닙사귀는 평행믹엽이오 흔흔 거슨 矢시쥭흔 것과 번즈웅(繁雌雄)이오 화개(花蓋)는 곳흔 조각여숫신되 빗슨 곳고 웅예(雄蕊)는 여숫신되 약(葯)이 밧편에 붓흔거시

(95) 감멜나족 속

부드러온풀인틱 닙사귀는어그러지게나셔망막엽(綱脉葉)으로되고 니 엄 니 엄 나 셔 숏 슨 죡 흥 고 푸 룬 악 편 (萼 片) 은 셋 시 오 판 (瓣) 도 셋 신 틱 둘 다 공 경 에 셔 나 는 거 시 오 즈 예 (雌蕊) 와 길 허 진 화 쥬 (花柱) 와 쥬 두 (柱頭) 는 다 흔 나 히 요 고 도 리 는 적 어 방 은 둘 이 나 셋 밧 긔 업 고 씨 가 조 곰 나 는 거 시 오 숏 슨 아 츰 에 픠 여 당 일 노 슬 허 지 는 거 시 라

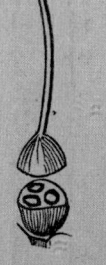

1.
  (1) 슈파이더웻쏫시라
  (2) 크게픠인즁예인틱그조방
2. 올바로버힌거시라

(96) 번터듸리아족 속

이족속은물과진퍼리에나는풀인듸악편(萼片)셋시푸른거시오판(瓣)셋슨흰거시오웅예(雄蕊)는여섯이상으로공경에셔나고즈예(雌蕊)는만하씨훈나만잇는듸가락지모양으로모히는것도잇고쑈두상화(頭狀花)모양으로모히는것도잇스며넉을때에논수과될거시오닙사귀는녈둥모양되는것도잇고혹살촉모양으로도되고혹가릿날모양으로도된거시오혹은갈비가온듸피줄도잇고다긴엽병(葉柄)잇는닙사귀니라

(94) 둘에리아족속

풀인듸단경이젋은다하경(地下莖)에셔나는듸닙사귀는어그러지게나셔망믹엽(綱脈葉)으로된거시오쏫슨족호고긔계가서로굿흔거시라

1.

(1)둘헴쏫시셩진듸로보임이라

엽되여외쟝경식물과굿흔거시오쏫순젹어셔살진화경(花梗)에셔나셔육슈화(肉穗花)되여쎡쎡웅게된거시오열민는쟝과(漿果)도되고혹셥질은가죡굿게말나소되그속에눈부드러온거시잇느니라
이죡속에드는것즁에헐남셩이와반하

(92) 타이파족속

진퍼리에나는풀인듸닙사귀는길어셔셔검모양굿고꼿순즛웅동쥬(雌雄同株)인듸버셔셔혼가지꼿에는웅예(雄蕊)만잇고혼가지꼿에는즛예(雌蕊)만잇는듸쎡쎡혼슈상화(穗狀花)이나두샹(頭狀花)화모양으로나는거시오열민는혼씨잇는수과(瘦果)요화비(花箆)는넙은포(苞)이나닙사귀밧쯰업는거시라

(2) 판샹류등분이라

(93) 일너스마족속

(1) 육슈총화 등분이라

(90) 팔마족쇽

이족속은 다 나모인디 혹은 다 하경에셔 나셔 따우혜 줄기는 뵈이지 아니ᄒ고 닙사귀만 나는 거시 오 혼흔 거슨 가지 업는 단경 인 디 ᄯᅩᆺ눈으로만 조라셔 닙사귀도 그 ᄯᅩᆺ헤셔 나셔 크고 이샹ᄒ고 긴 엽병(葉柄) 잇는 거시 오 혹은 닙사귀가 부쳐 모양 된 것 도 잇 고 혹은 우샹엽(羽狀葉) 된 것도 잇고 ᄯᅩᆺ슨 화비(花箆)에셔 나는 거시니 젹고 흔흔 거슨 족흔 거신 디 화개(花蓋)는 여 슷 조각이 잇서 두등 으로 나니 밧긔 잇는 거슨 악(萼)과 굿고 안헤 잇는 거슨 화관(花冠)과 굿흔 거시 오 열ᄆᆡ는 각과(殼果)니라

(91) 알아족쇽

풀인 디 물 맛슨 밉고 몸이 살진 거시 오 닙사귀는 단엽도 잇고 합엽도 잇스니 흔이 망믹

식물도설   이ᄇᆡᆨ이십이

　　도잇는거시오……

약은안편에붓흔거시오화쥬는흔나히요두는흔나히나셋시잇는거시오………멜넌라족쇽） 소ᄇᆡᆨ이십오편

화개가ᄌᆞ방아틱붓히시니ᄌᆞ방에셔나는모양이오
용예는여슷시오약은안편에붓흔거시며쏫슌과계가서로ᄀᆞᆺ흔것도잇고조곰ᄀᆞᆺ지아니흔거시오………빌리아족쇽） 소ᄇᆡᆨ십ᄎᆞ편

용예는셋시오약은밧편에셔나는거시며흔히쏫시서로ᄀᆞᆺ지아니흔거시오………의말웨리다족쇽） 소ᄇᆡᆨ십구편

용예는흔나히나둘밧긔업는ᄃᆡ화쥬와움세붓흔것도잇고화쥬에셔나는것도잇스며쏫슌과계가서로ᄀᆞᆺ지아니흐고모양은이상흔거시오………일이다족쇽） 소ᄇᆡᆨ이십편

………옥키다족쇽） 소ᄇᆡᆨ이십일편

(3) 영화류등분인ᄃᆡ 쏫슈육슈화에셔나지안코화관ᄀᆞᆺ흔화개도업고겨ᄀᆞᆺ흔ᄃᆡ셔나는거시라

겨눈쏫마ᄃᆞ여슷산듸악ᄀᆞᆺ흔거시오………쎠카족쇽） 소ᄇᆡᆨ이십삼편

겨가쏫마ᄃᆞ흔나잇서쏫시그거쌈에셔나는거시오쏫나는모양은두상화나수상화모양으로나는거시오………사이피라족쇽） 소ᄇᆡᆨ이십ᄉᆞ편

겨가쏫마ᄃᆞ둘이나넷시잇서두등으로나눈거시라………그릿미나족쇽） 소ᄇᆡᆨ이십오편

식물도셜

죠예는 한나히 요 화쥬나 화쥬업는 쥬두는 셋시 오 납사귀는 한마듸에셔 여러히 조디 한여 나는 거시 시먹 피줄잇 눈 거시 오……………………………………(룰에리아 족쇽) 소빅십일편

죠예와 가는 화쥬는 한나히 오 납사귀는 어 그러지게 나셔 피줄이 비숫 개 된 거시 오…………………………(감멜니 족쇽) 소빅십이편

화개 가 혹은 판굿 한 납사귀 가 두등으로 나셔 숫신 디 안 헤 잇는 것 파밧 펴잇는 것 셋시 오 혹은 판굿한 납사귀 여 숫시 나 넷시 잇 서 빗치 다 굿개 된 거시 오

용예는 여 숫시 나 셋 밧 펴 업는 거시 방좌 우 편에 나는 디 한 편에 셋순길 고 한 편에 셋순적은 거시 오…………………………………(번러 디리아 족쇽) 소빅십삼편

용예는 여 숫신 디 화개 납수 와 합 항 고 약은 밧긔 편에 붓혼 거시 오

납사귀는 여러히 한마 듸에셔 나는 거시 오 쏫순 족 항 고 길어 진 두는 셋시 오………………………………(룰에리아 족쇽) 소빅십일편

납사귀는 어 그러 지게 나셔 손 잇는 거시 오 갈비서에 피줄은 그물 파 굿고 쏫순 족 항 쥬 요 화쥬 이 나 화쥬 업 눈 쥬두는 셋시 오……………………(스마일닉쓰 족쇽) 소빅십소편

납사귀는 어 그러 지게 나셔 손 업는 거시 오 쏫순 족 항 거시 나 번 즈 응이 오 화쥬는 셋시 나 한나히 세 번 비 헌 것

이 빅이십일

식물도설   이빅이십

그 화경이 살진거시라쓰 그중에 화비 잇는 것도 잇고 화비가 흑업는 것도 잇느니라

나모나 잔사리인 뒤 단경이 잇는 거시오 쏫순 압도 잇고 화판도 잇느니……팔마족속) 수빅오편

풀인 뒤 쏫시 젹고 셴셱홍여 흑버 순것도 잇고 흑젹은 화개가 잇는 거시오

{육슈화는 큰 화비가 싼 거시오 쏫순버 순 거시오 열미는 장파요

육슈화가 화비업고 화개는 여섯 납사귀 잇는 거시오……알아족속) 수빅륙편

육슈화는 화비업고 화개도 업는 거시머 열미는 수파요

육슈굿흔 거시 젹은 화비우회 잇는 거시오 쏫모양은 통파굿고 빗순푸르고 판모양은 여섯시오……라이파족속) 수빅팔편

이족속은 여거 잇수 되 둘 재 둥분에 잇슬거시라 ……번러되리아족속) 수빅십삼편

(2) 판샹류둥분인 뒤 쏫순육슈화에셔 나지 안코 겨도 업고 겨로 덥지도 아니 ᄒ 니악파 화판이 잇고 흑여 섯 납히 화관파 굿치 빗 잇는 화개가 잇는 거시오

화개는 조방파 붓지아니ᄒ고 편 셋시 잇고 판도 셋시 각각 ᄒ야 빗잇는 거시오

주예는 푸른 빗 잇는 악편 셋시 잇고 판도 셋시 각각ᄒ야 빗 잇는 거시오……일니스마족속) 수빅구편

식물도셜

둘재 지파 즁죡쇽에 열쇠라

(1) 육슈총화 등분인 되 씃슌 육슈화에 나는 지라 이 육슈화에셔 나는 거슨 씃시 셕셕 흥고 슈샹화 모양이라도

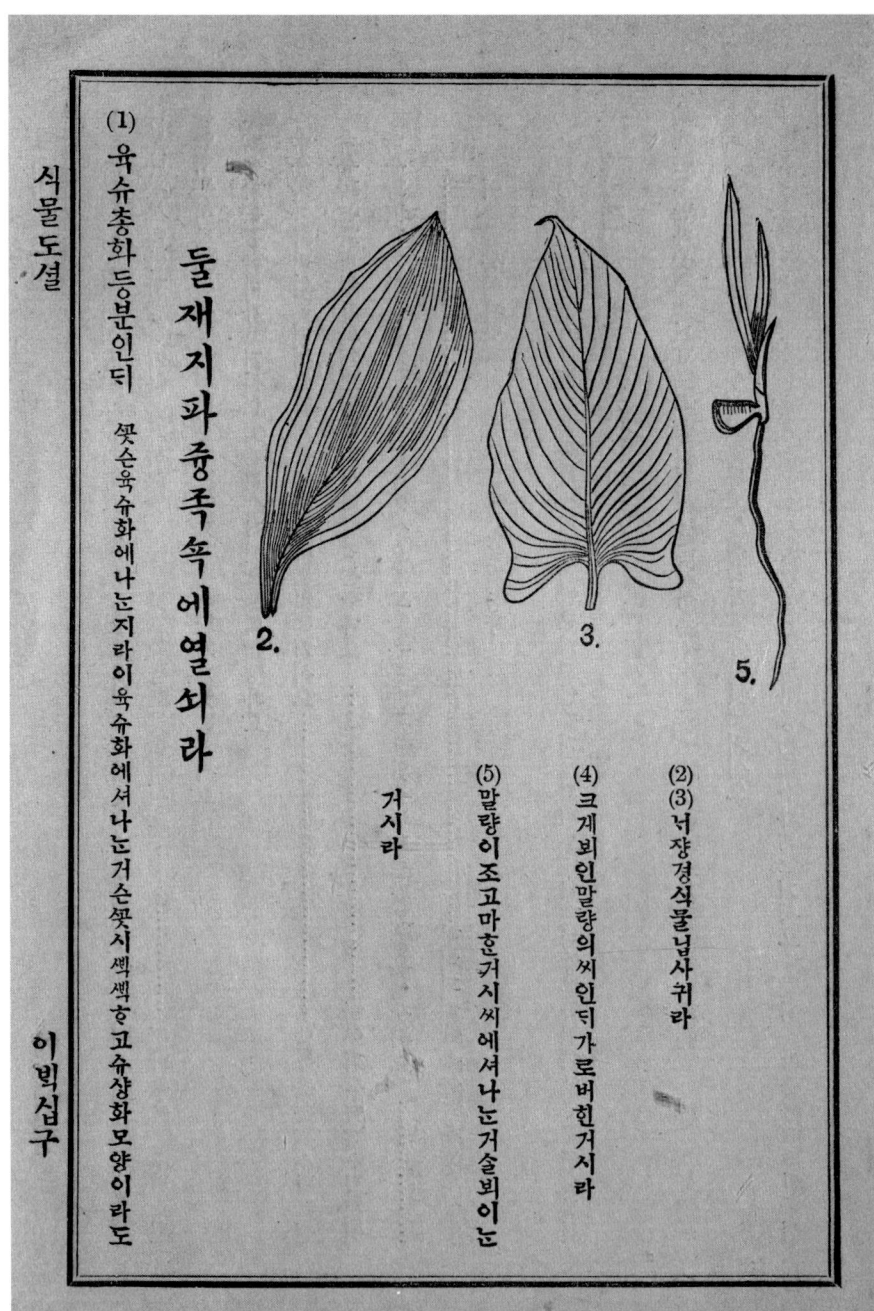

(2)(3) 넙쟝경식물 닙사귀라

(4) 크게 보인 말랑의 씨 인 되 가로 버힌 거시라

(5) 말랑이 조고마흔 거시 씨에셔 나는 거슬 보이는 거시라

이빅십구

이족속즁에사름의게요긴히쓰우는나모가잇스니솔나모와잣나무와젓나모와고향목과노가쥬나모와향나모니라

둘재지파니쟝경식물초목이라

줄기는온몸에긋은살이간심과긋치셕겨스니희마다공나식되는돌고는엽는거시오닙사귀는흔이평형밋엽으로되나혹은망밋엽으로조곰된것도잇는거시오솟기계는셋식이나여솟식만되고다솟되는거슨업는거시오비는단죠엽인디닙사귀날째에어그러지게나는거시라

(1)닙쟝경식물줄긴디쉬슈라

콘니퍼라족속 (89)

나즌문(裸子門) 초목중에 이 콘니퍼라족속밧께 사름마다 아죡속은 나모이나 잔사리인딕 껍질에 송진이란 물이 잇고 닙사귀는 비늘갓흔 것도 잇고 갓시 샘족흔 것도 잇스며 곳슨 즈웅동쥬(雌雄同株)이나 즈웅슈쥬(雌雄殊株)이나 잇서 유이화

(1) 알볼쌔이다의 갓인딕 조화라
(2) 비늘이니 그안편에 버슨비쥬를 픠이는 거시라

(茱黃花) 모양으로나 고혹은 유이화(茱黃花) 모양으로나 지안코 가지 긋헤 갓봉흔 나식이며 갓슨 악(萼) 과 화관(花冠)이 업고 봉흔 조예(雌蕊)이 만치 안코 둘이나 셋시 비늘갓흔 안버슨거시 라웅화(雄花)이 눈웅예(雄蕊)이 나약(葯)이 만치 안코 둘이나 셋시 비늘갓흔 안편에 셔나 눈거시 오 즈엽(子葉)은 흔히 둘이상으로 아홉이나 열둘섯 지잇느니라

식물도셜   이빅십칠

식물도설

나만잇서씨집흔나밧쇠엽고화쥬(花柱)나쥬두(柱頭)는둘이잇고씨집은고도리되여
씨만히나는거시니씨에는긴솜굿흔눌개가잇고닙사귀는단엽인듸어그러지게나는
거시오그겁질의맛슨식나라
이족속에드는것중에버들나모와빅양목

(1) 버들나모의웅화나는유이화라
(2) 비늘이각각흥야그잇눈웅예둘을뵈이는거시라
(3) 버들나모의조화나눈유이화라
(4) 조화인듸그비늘파조방울뵈이는거시라

이빅십륙

시잇고웅화(雄花)는젹은악(萼)이잇고웅예(雄蕊)는넷신듸그조화(雌花)는두방잇
눈ᄌ방(子房)도잇고길어진슈두(柱頭)둘이잇고열미는포(苞)굿흔수과(瘦果)도잇
고조고마흔시과(翅果)도잇느니라

(87) 실리가족속

ᄂ즌잔사리인듸닙사귀는어그러지게나셔됴흔내암새나는거시오이족속의ᄉ슨팔
십륙재족속ᄉ과ᄀᆺㅎ나분간되는거ᄉ운유이화(荣荑花)가젺고도포(苞)마다버슨ᄉᆺㅎ
나만잇고그ᄌ방(子房)은닉어셔조고마흔각과(殼果)이나마른힉과가되는거시라

(88) 실리가족속

이족속은나모이나잔사리나되여ᄉᆺ슨ᄌ웅슈쥬(雌雄殊株)이니두가지유이화(柔荑
花)모양이혹닙사귀나기전에나는거시라ᄉᆺ슨화관(花冠)과악(萼)이업셔버슨거시
오웅화(雄花)는웅예(雄蕊)둘이샹으로포(苞)밋헤잇고조화(雌花)는ᄌ예(雌蕊)흔

굴흔거시라 이족속에 드는것중에 호도

(85) 규필리 퍼라 족쇽

나모이나 잔사리인듸 닙사귀는 어그러지게 나셔 단엽된거시오 탁엽(托葉)은 떠러지는 거시라 꼿순 조웅동쥬(雌雄同株) 인듸 웅화(雄花)는 유이화(葇荑花) 모양으로 나고 혹 두상화(頭狀花) 모양으로도 나 눈거시오 조화(雌花) 꼿순이상흔 총포(總苞) 가 잇서 혹 잔 모양도 되고 혹 가지 도잇스며 혹 주머니 굿흔 모양도 잇느니라 이족속에 드는것중에 춤나모 밤나모

(86) 쎗틔울나족쇽

나모인듸 닙사귀는 단엽되여 그 가헤 톱날굿흔거시 오 꼿순 조웅동쥬(雌雄同株) 되여 그 두가지 꼿시다 포(苞) 만흔 유이화(葇荑花) 모양으로나셔 그 포(苞) 마다 아리 두세 꼿

(84) 쩌그린다족속

나모인듸닙사귀는어그러지게나고우샹엽(羽狀葉)인듸탁엽(托葉)은엽고꼿슨조웅슈쥬(雌雄殊株)되여웅화(雌花)꼿슨유이화(葇荑花)모양으로나고악(萼)은서로굿지아니혼거시오조화(雌花)꼿슨혹은혼자나는것도잇고혹가지끗헤셔드물게나셔악(萼)이즛방(子房)에붓혀셔우편에아삭아삭혼모양이넷시오열미는힉과란돌열미되여셔그밧씨잇는거슨닉을때에마른거시오그히과(核果)가되는다큰비(胚)가되여졋엽이쪼굴쪼이둘이나넷시나잇소되씨는혼나밧씨업는니씨는다

쩌나는거시오악(萼)과화관(花冠)은들다엽고웅화(雄花)꼿슨웅예(雄蕊)가젹어포(苞)와홈씌석긴거신듸포(苞)가몽둥이굿혼거시오조화(雌花)꼿슨조고마혼포(苞)와즛방(子房)밧씌엽논듸포(苞)가닉어셔몽둥이굿혼수과(瘦果)되여아리는긴털이나눈거시오나모인듸물은빗엽고닙사귀는어그러지게나셔장샹엽(掌狀葉)모양이된거시오탁엽(托葉)은싸눈거시라

(4) 아리키니버스족속

풀인디 잇슨 즈웅슈슈(雌雌殊株) 요물은 빗업고 줄기 섭질은 대단히 질긴거시라 닙사귀는디 ㅎ여도 나 고혹어 그러지게 도나 는디 혹 합엽 도 잇고 쏘 단엽이라 도 장상엽(掌狀葉) 모양으로 깁히 버혀 진거시오 웅화(雄花) 슌악편(蕚片) 도 다 숫시오 웅예(雄蕊) 도 다 숫신디 합훈 총샹화(總狀花) 이나 복총화 모양으로 나고 쏘 즈화(雌花) 슨 쎅쎅 훈 게 나셔 잇마다 악편(蕚片) ㅎ나 만 잇셔 즈방(子房)을 덥훈거시오 길게 된 슈두(柱頭)는 둘이라

이 족 속즁에 드는거슨 삼과 이족속중에 드는거슨 삼과

(83) 풀 니 틱 나 족 쇽

잇슨 즈웅동쥬(雌雄同株) 인디 유이화(萘黄花) 굿훈 두샹화(頭狀花) 모양으로 둥굴

나모인듸 그물은 젓과 굿흔것도 잇고 빗나는 것도 잇스며 닙사귀는 어그러지게 나는 거시오 꼿슨 두상화(頭狀花)에나 슈상화(穗狀花) 모양으로 나는듸 꼿화(雌花)가 닉어셔 살지는 것도 잇고 두가지 꼿시 다 살진공경에셔 나는 거시오 화쥬(花柱)는 흔히 나둘이 나 되고 꼿방(子房)은 닉어셔 수과 될거시 오그 속 섭질은 질기고 실긋흔거시잇느니라

(3) 아릭어듸가죡속

이 아릭 죡속도 웃 죡속과 굿 치 어듸가죡속이라 풀인듸 닙사귀는 어그러지게 나는것도 잇고 마죠 되 ᄒ여 나는 것도 잇소며 섭질은 질기고 실굿흔 거신듸 물은 빗업는 거시오 꼿슨 꼿웅동쥬(雌雄同株) 도잇고 꼿웅슈쥬(雌雄殊株) 도잇는듸 유이화(葇荑花) 로 되지 안코 슈샹화(穗狀花) 이나 총샹화(總雄花) 모양으로 나는 거시 오웅예(雄蕊) 의 수는 학편(蕚片) 수와 굿고 꼿방(子房)은 방이 흔듸 화쥬(花柱) 이나 쥬두(柱

식물도셜 이빅십일

房) 은방흔나히요씨흔나히나셔녁을때에쟝과(漿果) 된거시오씨슨납사귀나기젼에필거시라

(82) 어듸가족쑥

이족속은풀과잔사리와나모가다드러가는거신듸 즈웅동쥬(蕊雄同株)잇는것도잇고 즈웅슈쥬(雌雄殊株) 되는것도잇스며납사귀는탁엽(托葉)잇고악(蕚)은서로굿흐며 즈방(子房)은붓지아니ᄒᆞ고열미는씨흔나잇는거시오이족속에는아릭족속넷시ᄯᅩ잇ᄂᆞ니라

(1) 아릭열머스족속

나모인듸납사귀는단엽되여어그러지게나는거시오싻슨번즈웅(繁雌雄)잇는것

(2) 아릭비거스족속

도잇고흑은거의족흔거시오화쥬(花柱) 나길어진쥬두(柱頭) 는둘이라

슈쥬(雌雄殊株) 잇는거시라

(81) 타이밀이아족쏙

잔사리인뒤 껍질은대단히질
기고 쓴거시오 닙사귀는 아삭
아삭ᄒ지아니ᄒ고 흔히어그
러지게나는거시오 쏫슨 죡ᄒ
고 악(萼)은 동과 굿고 빗슨 화
관(花冠)과 굿ᄒ며 웅(雄
蕊)는 여덟이나 열이 나되여
악(萼)에셔 나고 즈예(雌蕊)
와 붓지아니ᄒ거시오 즈예
(雌蕊)는 단 즈예이오 즈방子

(1) 네 돌ᄆ엇드이라
(2) 닙사귀와 열ᄆ를 뵈이는 거시라
(3) 크게 뵈인 쏫시라
(4) 크게 뵈인 쏫의 악을 버혀 펴친 거시라

식물도셜   이빅구

(80) 노라족쏙

잔사리이나나모인듸 속껍질
은약렵맛잇고닙사귀는어그
러지게나셔단엽된거시오악
(萼)은여슷인듸판(瓣)과모양
이긋훈거시오웅예(雄蕊)는
아홉이나열둘되여약(葯)은
닥에셔나는거시오약(葯)은
들창과긋치여눈거시오쟈예
(雌雄)는단즈예이오즈방(子
房)은방훈나만잇는듸열민
는씨훈나잇는쟝과(漿果)이나희과(核果)된거시오꼿슨혹번즈웅(繁雌雄)이나즈웅

(1) 서쓰프릿쓰웅화라
(2) 서스프릿쓰즈화라
(3) 크게픠인웅예인듸네문이잇셔큰것들이오적은것들이라
(4) 크게픠인즈예인듸그즈방울기로버혀비유가우흐로달니는거슬븨이고
(5) 닙사귀와열민폭이라

(79) 밤나모나족속

잇는거시오이포(苞) 잇는것즁에혹은빗시잘나셔본리마룬모양이솟퓐후에도그딕로잇스니보기됴케되는니라그고열닐쎼에는흔히즁동으로터지는거시라이족속에드는것즁에먼두미풀

1. (1) 익말인라고토리를쑤겅으로여는거시라

넙사귀는아삭아삭ᄒ지안코어그러지게나는거시오솟슨흔히족ᄒ고셧시오악(蕚)은악편(蕚片)이넷브터여숫ᄭ지인딕각각잇는것도잇고흠썩붓흔것도잇는거시오웅예(雄蕊)는셋브터아홉ᄭ지인딕약(葯)아릭솟혜셔나는거시오ᄌ방(子房)은흔나만잇고씨흔나만나는거시오화쥬(花柱)이나쥬두(柱頭)는둘이나셋되는니라이족속을더옥알기쉬온거슨마딕마다탁엽(托葉)이가락지모양된거시니라이족속즁에드는거슨모밀

(77) 젼오보리아족쇽

이족쇽에 잇는거슨 보기실흔풀인듸 흔히 닙사귀가 어그러지게 나셔 탁엽(托葉)업고 꼿슨 젹고 푸룬거신듸 그 비늘곳흔 포(苞) 가 업는거시오 그 악(萼)은 조방(子房)과 흠씌 붓지아니 흐엿소되 덥흔거시오 웅예(雄蕊) 는 흐나브터 다숫석지 약(葯)에셔 나는거시 오 조방(子房)은 방흐나 씨 흐나 잇는거시오 화쥬(花柱) 젹은거시 둘브터 다숫석지요 이족쇽에 드는것즁에 미국붉은무이

(78) 이말인타족쇽

풀인듸 칠십칠재 족쇽과 좀굿흐되 그 분간되는거슨 꼿에 비늘곳흔 포(苞) 가 셋이샹으로 각각씨흐나식 잇는거시오 화쥬(花柱) 는 열인듸 젹고 각각 흐나시오 열민는 씨 열잇는 감붉은장과(漿果) 요 고뿌락는 두셥교 쓰고 독흔거시오 꼿슨 총샹화(總狀花) 모양으로 나고 닙사귀와 마조디 흐여 나는거시라

(76)

파이돌나 가족속

이족속은총포(總苞)에섯시흥나식나는것도잇고여럿나는것도잇서악(萼)은나발굿고빗과모양은화관(花冠)굿흔거시오악(萼)디신은즁굿흔모양총포(總苞)가잇고웅예(雄蕊)는다숫시오화쥬(花柱)도흔나히요닙사귀는마조디흐여나셔모양은가릿날굿고닙사귀줄기는긴거시라
이족속에드는것즁에분꼿이족속은약편(葯片)다숫시좀둥근모양잇고빗슨희여판(瓣)과굿흔거시오웅예(雄蕊)는열안듸즈방(子

(1) 북윗이라
(2) 열미내는줄
(3) 크게뵈인꼿
(4) 열미라
(5) 열매롤가로버힌거시라

이빅오

식물도설

귀는아삭아삭지아니
ᄒᆞ야둥그러온것들이
오엽병(葉柄)은길어
져셔혹어그러지게나
고혹은디하경(地下
莖)에서나니닙사귀
가줄기업시싸헤셔나
눈것잇스며그악편
(蕚片)은퓌기전에감
싸우지안코니맛는거
시라

(75) 닉타찟이나족쪽

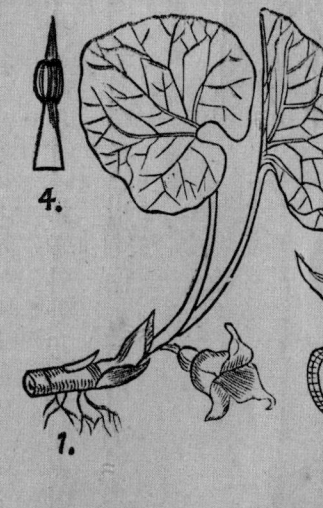

(1) 진쥬풀이라
(2) 크개뵈인씃을기리로버혀
그악은관흥개뵈인거시
라
(3) 주방을가로버힌거시라
(4) 크개뵈인웅예라
(5) 씨롤크개뵈이고기리로버
힌거시라

닥에셔씨둘이나셋시나는거시라

(73) 올이아족쏙

잔사리이나나모인디닙사귀는디 흥여나고혹화관(花冠) 잇스면판(瓣) 모양이넷시오 웅예(雄蕊)는둘인디키가적은거시오 즈방(子房)은방이둘이오방마다씨둘식나는거시라

이족속에드는것즁에감남과미화

(74) 이라스토녹이아족쏙

(3) 무판등분이라

감겨올나가는너굴도잇고풀도잇는디쏫슨크교족흔거시오그악(蕚)은악편(蕚片)모양셋신디 즛방(子房)에붓흔거시오 즛방(子房)은방여솟신디씨만히나는거시오닙사

(71) 이스클네피이다족

이족속에 잇는 풀은 물이 젓과 굿 고 섭질은 질기고 닙사귀는 디ᄒ여 나며 섯슨 긔계 가져 막금 굿흔 거시 신디 칠십재족속과 분간되는 거슨 웅예(雄蕊)가 다숫이신디 화사(花絲)가 다 흠씌 붓허 동이 되고 약(葯)은 쥬두(柱頭)와 흠씌 붓허시며 섯슨 산형화(繖形花) 모양으로 나고 고도리는 일성 둘식 인디 씨마다 면 쥬실 굿흔 털이 잇느니라

이족속에 드는것중에 박족아리 각흔거시 오쎄는 만하나 는디 흔이 흔편에 긴 수염이 잇는거시라

(72) 찟스민아족속

이족속은 잔사리와 굿흔 거시라도 흔흔거슨 올나 가는 거시 오 닙사귀는 마조 디ᄒ여 나고 흔히 합흔 우샹엽(羽狀葉) 이오 섯슨 긔계 가서 로굿ᄒ야 화관(花冠)은 판(瓣) 모양이 다숫이샹으로 되엿 소웅예(雄蕊) 는 둘 밧ᄭᅦ 업고 즛방(子房)은 방둘인디 방마다 그바

(70) 이포사이나족 속

물이졋과 굿ᄒᆞᆫ되 맛슨싀고 그 속껍질은 질긴거시오 닙사귀는 깁히 버혀지 지아니ᄒᆞᆫ거 시되 흥야나 고 꼿긔 ᄭᅦ는 서로 갓흔거시오 화관(花冠)은 판(瓣) 모양 다 숫신 되 퓌기 전에 눈 말닌 거시 오 웅예(雄蕊)는 다 숫신되 화관(花冠)에 붓허셔 그 사이에 셔 나는거시 오 약(葯)은 쥬두 (頭)와 좀 붓흔거시오 자방(子房) 은 쥬 두(花柱) ᄭᅳᆺ지 흠씨 붓허 ᄒᆞ나된 화 쥬(花柱) ᄭᅳᆺ지 흠씨 붓허 ᄒᆞ나된 거시 오 열믹는 고 토리 둘 인 되 각

식물도셜

(1) 도 그 멘의 풍경인 되 그 고토리와 꼿을 뵈이는 거시라
(2) 크게 뵈인 꼿시라
(3) 웅예라
(4) 조예인 되 자방 둘이 잇 셔 그 큰 쥬두 둘이 흠씨 붓흔 거시라

이빅일

풀도 잇고 잔 사라도 잇는 뒤 물은 씌고 그 중에 독혼 것도 잇는 거시 오 그러지 게나 고 싯 근 긔 계 가져 막금 긋 고 웅예(雄蕊)는 다 숫신 뒤 혹여 솃시 나 닐곱 되는 것도 잇 스 며 즈 예(雌蕊)는 흔 나 히 요 즈 방(子房)의 방은 둘이 샹으로나 고 열 먹 는 씨 만 흔 쟝 과(漿果) 이나 고 토리 되는 거시라
이 족 속에 드는 것 중에 일 년 감 과 담 빅 와 감 즈 와 가 지

(69) 쏀 치 안 아 족 쏙

반반호 풀인 뒤 그 물은 빗 업 고 맛 슨 쉰 거시 오 닙 사 귀는 흔 히 마 조 뒤 호 여 나 고 줄 기 는 업 스 며 아 삭 아 삭 지 아 니 호 거시 오 혹은 그러치 아니 호 나 라 꼿 긔 계 는 서 로 굿 호 야 웅 예(雄蕊) 수 눈 판(瓣) 모양 수 와 합 호 야 그 사 이 에 서 나 는 거시 오 쥬 두(柱頭)는 둘 잇는 것 도 잇 고 혹은 화 쥬(花柱) 가 버 혀 져 서 둘 된 것 도 잇 스 며 고 토 리 는 방 호 나 인 뒤 씨 는 적 고 만 히 되 여 벽에서 나는 거시 오 이 족 쏙 중 독 호 거슨 업 고 꼿 모양은 크 고 보 기 됴 흔 거시라

이족속에드는것중에흑축과메섯과단감ᄌ

(68) 솔닙나족족

(1) 스트레몬이옴섯화판의웃반이라
(2) 담비섯시라
(3) 담비섯의악과고로리라
(4) 나잇세트섯파열미타
(5) 헨벤섯시라
(6) 헨벤고로리ᄯ두겅을여러뵈임이라

빅구십구

(67) 간밭붤나족쏙

넉굴인틱 꼿긔게서로 굿흔것 과 닙사귀는 어그러지게나 고혹이중에 젓과 굿흔물잇는것 도잇스며 악(萼) 은아편(萼片) 다솟시 오 화관(花冠) 은판(瓣) 모양다솟시 오웅예(雄蕊) 도다솟시 오즈예(雌蕊) 둥군고토리되여 방이둘브터 넷신지잇고 씨는방마다 흔히 하나둘이나느니라

(1) 블학쓰꼿시라
(2) 팔니몬니아꼿시라
(3) 팔니몬니아고토리가로버힌거시라

(66) 팔리몬이아족속

풀인되 혹은 손으로 올나가는 넉굴이 오 꽃긔계는 다 서로 굿고 꽃예(雌蕊)밧긔는 다 다섯 식 나는 거신되 꽃예(雌蕊)는 것 방(子房)에 방셋 되여 화쥬(花柱) 웃편에 세번 버힌 거시 오 판(瓣)은 픠기 젼에 는 그 꽃히 말니는 거시라

(1) 와 덜닛 포 꽃이라
(2) 화관을 버혀 펴친 것과 옹예라
(3) 악파 닉지 못한 열미와 화쥬라

(65) 하이드로필나족속

풀인디 닙사귀가 흔히 그러지게 나셔 다 합혼 것시나 아삭아삭 혼거시 오꼿긔계 는 서로긋 야륙십 소재족속과 긋게 되나 그분간되는 거슨 조방(子房)이 등그런방 혼 나잇고 그씨는 만혼 나 적 으나 방벽에서 나는 거시 오화관(花冠)은 박휘와 굿고 종과 도굿혼거시 오판(瓣)과 웅예(雄蘂)는 흥샹 다솟되고 화쥬(花柱)는 우 헤 가버혀셔 둘된거시라

풀인디 닙사귀는 아삭아삭 호지아니 호야 어 그러지게 나는 거시 오또 향 긔도 업고 면이 편편치 못혼거시 오꼿긔계는 서로긋고 악편(蕚片) 모양이 다 솟시 오판(瓣) 모양도 다솟 시며 웅예(雄蘂) 도 다솟되여 화관(花冠) 통에 붓혼 거시 오 화쥬(花柱)는 혼 나 히 요 조방(子房)은 네 번 갈나져셔 수과(瘦果) 넷시 나는 거시 오 꼿 슨 흔 히 산형화(繖形花) 굿 혼 송 아리 되여 웃 꼿 히 말녓다가 밋헤셔 퓌는 디 로 터지는 거시 오 이 풀 의 맛 슨 좀 식되 과 히 독 호지 안코 더 러 는 그 뿌리에서 붉은 물 나는 거 시라

(64) 샢리진아족속

신딕수과(瘦果)니라

둘은길고둘은졀은거시오즈방(子房)은네방이잇고화쥬(花柱)는흔나히요열믜는넷

(1) 썰겟미낫썻이라
(2) 크게픠인화관을버혀펴셔용뎨를뵈임이라
(3) 그비방의잇는즈방이라
(4) 그악잇는닉은슈파둘을뵈이는거시라
(5) 검프렛꼿시라
(6) 크게픠인검프렛꼿슬버혀허쳐그속에잇는웅예와가시를뵈이는거시라

(62) 쌔빈아족속

풀이나 잔사리굿흔거신듸 닙사귀는 마조 듸 ᄒᆞ여 나셔 화관(花冠)은 서로 굿지 아니 ᄒᆞ야 입수 잇는 것도 잇는 거시 오 판(瓣) 모양은 다 슷도 되고 혹 넷시 오 웅예(雄蕊)는 넷신듸 둘 식 나는 거시며 둘은 길고 둘은 젉은 거시 오 즛예(雌蕊)는 즛방(子房) 이 ᄒᆞ나히 요 씨는 방 되는듸 로 ᄒᆞ나식 나는 거시 오 열믜는 씨 넷잇는 쟝과(漿果) 굿흔 것도 잇고 혹은 말나 셔 수 과(瘦果) 가 둘이나 넷되고 ᄒᆞ나 되는 것도 잇느니라

(63) 례비엣타족속

풀인듸 줄기에 네모가 잇고 닙사귀는 마조 듸 ᄒᆞ여 나셔 됴흔 향그러온 내 암새 나고 화관(花冠)은 서로 굿지 아니 ᄒᆞ여 입수와 굿치 된 거시 오 웅예(雄蕊) 는 혹 둘이 오 혹 넷시 잇서

(1) 셰이즈풋시라
(2) 셰이즈풋의 즛예인듸 반즘 버혀 ᄇᆞ려 그 네 방에 잇는 즛방을 뵈 이는 거시라

식물도셜

나는거시오
꼿슨보기됴
케되고 판
(瓣)은웃입
수는둘모양
이오아리입
수는셋모양
이오씨는만
히나는거시
나혹젹게도
나느니라

(1) 벤스레몬화판을버혀퍼친 거신터 그온젼흔웅예넷과 미셩흔것흔나뵈인거시라
(2) 웅예를쏘뵈니그중미셩흔 거슨가시잇는거시라
(3) 졸아리아꼿이라
(4) 졸아리아꼿의화판을버혀 그웅예가둘식나는거슬뵈 임이라
(5) 졸아리아꼿의악과쥬룰 뵈이는거시라
(6) 도토리쇽을뵈이는거시라
(7) 도드플릭쓰의꼿시라
(8) 헤치헷셥의꼿시라
(9) 시니온젼흔웅예둘파미셩 흔거슬뵈인거시라

빅구십삼

히나ᄂ는거시오악(蕚)은붓지아니ᄒ고화관(花冠)은공경에셔나ᄂ는거신ᄃ이아릭합판(合瓣)등분은다그러ᄒ니라

(60) 오로쌘가족쏙

풀인ᄃ다룬나모뿌리에셔나셔화관(花冠)은서로ᄀ굿지안코웅예(雄蕊)는넷신ᄃ이둘식둘식나ᄂ는거시오ᄌ방(子房)은방ᄒ나히잇서그벽에셔씨만히나ᄂ는거시오계쑤리룰싸헤두지안코다룬나모에붓허사니푸른닙사귀가업고누룬비ᄂ눌굿ᄒ포(苞)가잇ᄂ거시라

(61) 수크로필니리아족쏙

이족속도풀인ᄃ화관(花冠)은서로ᄀ굿지안코입수ᄂ굿ᄒ모양이잇고웅예(雄蕊)는넷신ᄃ둘은길고둘은젹은것도잇스며ᄯ온젼ᄒ것들만잇ᄂ것도잇ᄂ거시오화쥬(花柱)ᄂ훈나히요ᄌ방(子房)은방둘이잇서흔거슨씨만히나ᄂ고토리인ᄃ혹은씨가젹게

풀인듸 꼿숀 긔계가 서로긋고 족흔거시오 웅예(雄蕊) 수는판(瓣) 모양수와 합ᄒᆞ야 화관 (花冠) 둥에 붓허셔 판(瓣) 모양 압헤셔 나는거시오 즈예(雌蕊)는 즛방(子房) 방흔나만 잇고 그 바닥에셔 씨가 나되 만히 나는것도 잇고 적게 나는것도 잇느니라

(59) 씩노니아족속

이족속에 흔흔거슨 닙사귀가 마조 듸ᄒᆞ야 나셔 꼿숀 크고 보기됴흔거시오 화관(花冠)은 입수 모양 되는것도 잇고 조곰만셔 로긋지 아니흔 모양 잇스며 웅예(雄蕊)는 화관(花冠)에셔 넷시 면 둘은 길고 둘은 절으며 혹은 둘만 잘 나 지 못흔 거시오 고도리는 커셔 방이 둘인 듸 큰 씨만

1.
2.
(1) 개틸바꼿을 버혀 용예를뵈이는거시라
(2) 데 곰마 씨라

시라

(57) 푸럼셰진아족속

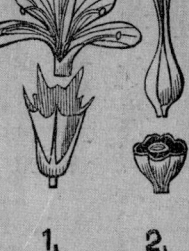

1. 2.

(1) 푸럼셰진아꼿의 악과 화관이 서로써 나뵈인거시라
(2) 조예니 화쥬 다숫인되 그 아릭 조방을 가로버혀 아릭 반을 뵈인거시라

이 족속에 잇는 거 순 악(蕚)은 마르고 비눌굿혼나 발 모양 잇는 거시오 판(瓣)은 다숫 신 되 아릭편에 만 좀 붓고 웅예(雄蕊)는 판(瓣) 압혜셔 나 교 화쥬(花柱)는 다 숫 시 오 조방(子房)

은 방 혼 나 잇 고 씨 혼 나 만 나 는 거 시 라

(58) 푸렘율나

이족속에 드는거슨갓

(56) 푸린틔진아족쇽

줄기업는누준풀인틔꼿슨슈샹화(穗狀花) 모양으로나셔조곰푸룬거시오악(萼)은악편(萼片) 넷되여쩌러지지안는거시오화관(花冠)은판(瓣) 모양넷되여쩌러지지아니ᄒ고고토리에붓허셔마르는거시오웅예(雄蕊)는넷시오화사(花絲)는길고가는거신틔화관(花冠)에셔나는거시오화쥬(花柱)와쥬두(柱頭)는흔나인틔가늘고시오고토리는방둘인틔두겅모양으로여는거시오그닙사귀에갈비는크고힘잇는거

(1) 푸린틔진아수샹화라
(2) 크개븨인꼿시라
(3) 조예라
(4) 열미쑤겅으로여는거시니그스러진화판이쑤겅에붓흔거시라

(55) 에빈아족쇽

나모인티 닙사귀는 두썹고 어그러지게 나는 거시니 엇던 나모는 닙사귀쌈에셔 웅화(雄花) 쏫송아리 여러히 픠여 판(瓣) 모양은 넷시 오웅예(雄蕊)는 열여 슷즘 되고 쏘 엇던 나모는 닙사귀쌈에셔 크고 죡화 혼나만 픠 모는 닙사귀쌈에셔 크고 죡화 혼나만 픠 교화관(花冠)은 판(瓣) 모양 넷시 오 예(雄蕊)는 여덟이 오 악(蕚)은 악편(蕚 片) 모양이 넷시니 크고 두써 온 거시라 화관(花冠) 빗슨 누룬 거시오 즈예(雌 蕊)는 혼나히 오 화쥬(花柱)는 넷시오 즈방(子房)은 닉을쌔에 그 실과 가 미우 먹기 됴흐니라

1. (4) 열미를 가로 버힌 거시라
2. (3) 열미라
3. (2) 그 쏫의 화관을 펴쳐 그 웅 예를 뵈인 거시라
4. (1) 슌젼화라

빅팔십팔

(4) 아릭만오트로바족속

ㄴ준풀인티다른나모뿌리에셔나니푸른닙사귀가업고닙티신비늘ᄀᆞᆺᄒᆞᆫ흰것과분홍빗치잇는거시라

(54) 익귀포리아족속

이족속은나모이나잔사리인티닙사귀는어그러지게나곳슨닙사귀ᄶᅡᆷ에셔나셔젹고긔계가져막금ᄀᆞᆺᄒᆞᆫ거신티ᄒᆞᆫᄒᆞᆫ거슨번조웅(繁雌雄)이오그화관(花冠)은흰거시나혹푸룬것되여판(瓣)모양이넷브터여ᄉᆞᆺ젹지요약(蕚)과화관(花冠)이즛방(子房)에붓지아니ᄒᆞᆫ거시오웅예(雄蕊)는넷브터여ᄉᆞᆺ젹지니화관(花冠)아릭편에붓허셔판(瓣)모양사이에셔나는거시오약(葯)은길게터지는거시오화쥬(花柱)는별노업고열미는쟝과(漿果)ᄀᆞᆺᄒᆞᆫ희과(核果)되여씨가넷브터엿ᄉᆞᆺ젹지된거시라

샤리니라

(2) 아릭에리가족속

이족속에흔흔거슨화관(花冠)이합판(合瓣)되여악(萼)과화관(花冠)과웅예(雄蕊)가다첫방(子房)에붓지안코공경에서나는거시오이족속중에흔나밧씨는잔사리긋한조고마한나 모니라

이족속에드는거슨진달화

(3) 아릭파이놀나족속

이족속은판(瓣)다솟시각각되고웅예(雄蕊)는열되여둘다첫방(子房)에붓지안코공경에셔나는거시오이족속은풀모양으로는존거시신듸쥬년동년푸른빗잇는거시니라

니라

(1) 아리게일너 시시아족속

이족속은악(蕚)이즈방(子房)과붓고화관(花冠)과웅예(雄蕊)셕지즛방(子房)에셔나는거시오화쥬(花柱)와쥬두(柱頭)는흔나히요약(葯)은방둘이흠셕붓흔거신듸길허진거시니이는잔

(1) 크게븨인게일누사쏫올기리로버힌거시라
(2) 에리가쏫시라
(3) 에리가열미롤가로버혀그쇽에잇눈고토리롤븨인거시라
(4) 파이놀나쏫시라
(5) 쏫시셩긴디로븨인거시라
(6) 크게븨인웅예라
(7) 즈예라
(8) 씨라

식물도셜

빅팔십오

(52) 김판울나족속

풀인듸물은졋과굿고닙사귀는어그러지게나는것과화관(花冠)은서로굿고판(瓣)모양은다숫시오웅예(雄蕊)도다숫시오쥬두(柱頭)와즈방(子房)의방은셋시나혹다숫시니라

이족속에드는거슨소용과

(53) 에리가족속

1.

(1) 김퓐울리쏫이라

이족속을분간ᄒ는거슨약(葯)여는법이니우헤잇는조고마흔구멍으로여는거시오쏘화관(花冠)은합판(合瓣)이라도웅예(雄蕊)는화관(花冠)에붓지아니흔거시오웅예(雄蕊)수는판(瓣)과굿흔것도잇고혹곱결되는것도잇스며그즁에혹은판(瓣)이각각된것도잇는거시오열미는방이여러히오화쥬(花柱)는흔나히오아릿족속넷시잇ᄂ

(51) 노빌나아족속

풀인티물은젓과굿ㅎ야독훈거시오닙사귀는어그러지게나고굿손쎡쎡지아니ㅎ야화관(花冠)이서로굿지아니훈거슨훈편은벼혀져셔훈편에만잇고그버혀진딕셔웅예(雄蕊)가나되화관(花冠)이붓지안코웅예(雄蕊)와화관(花冠)은다씨만훈꼿방(子房)에붓흔거시라

이족속에드는거슨히브라기와엉겅퀴와머음둘네산국화미국불우일이나혹십분지일이되느니라

(子房)의방ㅎ나만잇고수과(瘦果)될씨ㅎ나만잇느니이족속은꼿픠는초목의팔분지속꼿과굿치즁훈꼿시잇서긔게가다굿ㅎ거시오이족속이다굿지는아니ㅎ다긋방긔게가져막금굿ㅎ거시라엉겅퀴굿ㅎ꼿손판(瓣)굿ㅎ화관(花冠)이업고다히브라기

식물도셜

4.

5.

(1) 웅예의약이붓허통으로된거시라
(2) 이통한편을버혀판판히노흔거시라
(3) 직그레썻인딕판이편편호게성긴거시라
(4) 크게픠인직그레썻을기리로버힌거시라
(5) 크게픠인고리압셔쓰썻인딕그가헤거줏썻혼
나나눈것과그가온딕조고마호온전호썻을픠
임이라

니즈화(雌花)썻치라ᄒᆞᄂᆞᆫ니라이히브라기와산국화는그속에잇ᄂᆞᆫ거시족호썻신딕

빅팔십이

이흠쇠붓허셔무슴동굿치되고꼿예(雌蕊)가그속으로올나오눈거시오쏘이쪽속에엣눈꼿슨여러꼿시흠쇠잇소되흔꼿모양으로굿치된거시니이눈혹적은꼿마다판(瓣)굿흔화관(花冠)이잇고혹여러꼿시쎡쎡히된즁에가흐로잇눈젹은꼿만판(瓣)굿흔화관이잇서사룸보기에그거시온꼿에화관(花冠)인줄노알미너머음들네굿흔거슨젹은꼿마다다흔큰판(瓣)굿흔화관(花冠)이잇고히ᄇ라기꼿굿흔거슨가흐로잇눈젹은꼿만흔판(瓣)굿흔화관(花冠)이잇느니라그런즉히ᄇ라기꼿슨가흐로판(瓣)잇눈것웅예(雄蕊)와꼿예(雌蕊)가엽스니무즁웅화오산국화굿흔거슨가흐로판(瓣)잇눈꼿치꼿예(雌蕊)만잇소

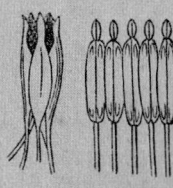

1.　　2.

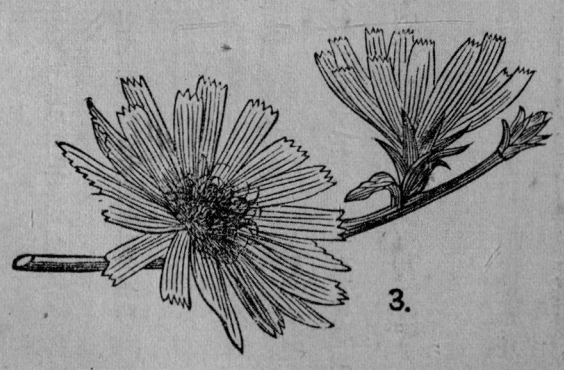

3.

(49) 딉사족쇽

이족쇽도풀인듸닙사귀는탁엽(托葉)업시마조디호야나고쏫슨죡호듸쎡쎅호두상화(頭狀花)모양으로나고쏘그가흐로총포(總苞)가잇는듸쏫봉마다볘굿호포가잇고화관(花冠)은통이나나발굿고판(瓣)모양이넷시나다숫시나되고웅예(雄蕊)는넷시화관(花冠)에셔나고화관(花冠)은쯧방(子房)에셔나는거시오쯧방(子房)은쳭과되여조고마호씨호나만나는거시오쏫슨젹고취산화(聚繖花)모양으로나는거시라

(50) 감파싯다족쇽

이족쇽을분명히아는거슨쏫시합호것신듸이는쏫여러히쎡쎡호여두상화(頭狀花)되고이두샹화(頭狀花)겻호로악(萼)파굿호총포(總苞)가잇고쏘분명히알거슨약(藥)

(47) 루비아족속

이족속은합판(合瓣)인덕판(瓣)모양
이서로긋고웅예(雄蕊)는넷시나다
솟시나화관(花冠)에붓허셔판(瓣)모
양사이에셔난거시오악(萼)은즛방
(子房)과붓고화관(花冠)도즛방에셔
나는거시오닙사귀는여러히마조딕
ᄒᆞ야나는것도잇고혹둘식마조딕ᄒᆞ
야나는것도잇느니라

(48) 쎌이리인아족속

풀인듸쑤리는내암새나고닙사귀는탁엽(托葉)업시마조딕ᄒᆞ야나고화관(花冠)은합
(瓣)모양다숫신듸웅예(雄蕊)는둘이나셋시나화관(花冠)에셔나고화관(花冠)은즛

(1) 루비아귀엿
(2) 루비아게버릐
(3) 여슬루가크시로미게게아훈
(4) 닉지못ᄒᆞᆫ열라엿
(5) 불라크루ᄒᆡᆫ기
(6) 이불이고엣버거리
(7) 시로관화을인화거
쥬귀시릿잇노기눈ᄒᆡᆫ인화
거시라

(2) 합판등분이라

(46) 기푸리보리아족속

잔사리이나굿은살잇는 넉굴이나혹은풀인더이 족속을분명히아는거슨 웅예(雄蕊)가넷시나혹 다숫시나합판화관(合 瓣花冠)에서나고화관 (花冠)은 조방(子房)에 셔나는거시 오납사귀는 탁엽(托葉) 업시 닥 하야 나는거시라

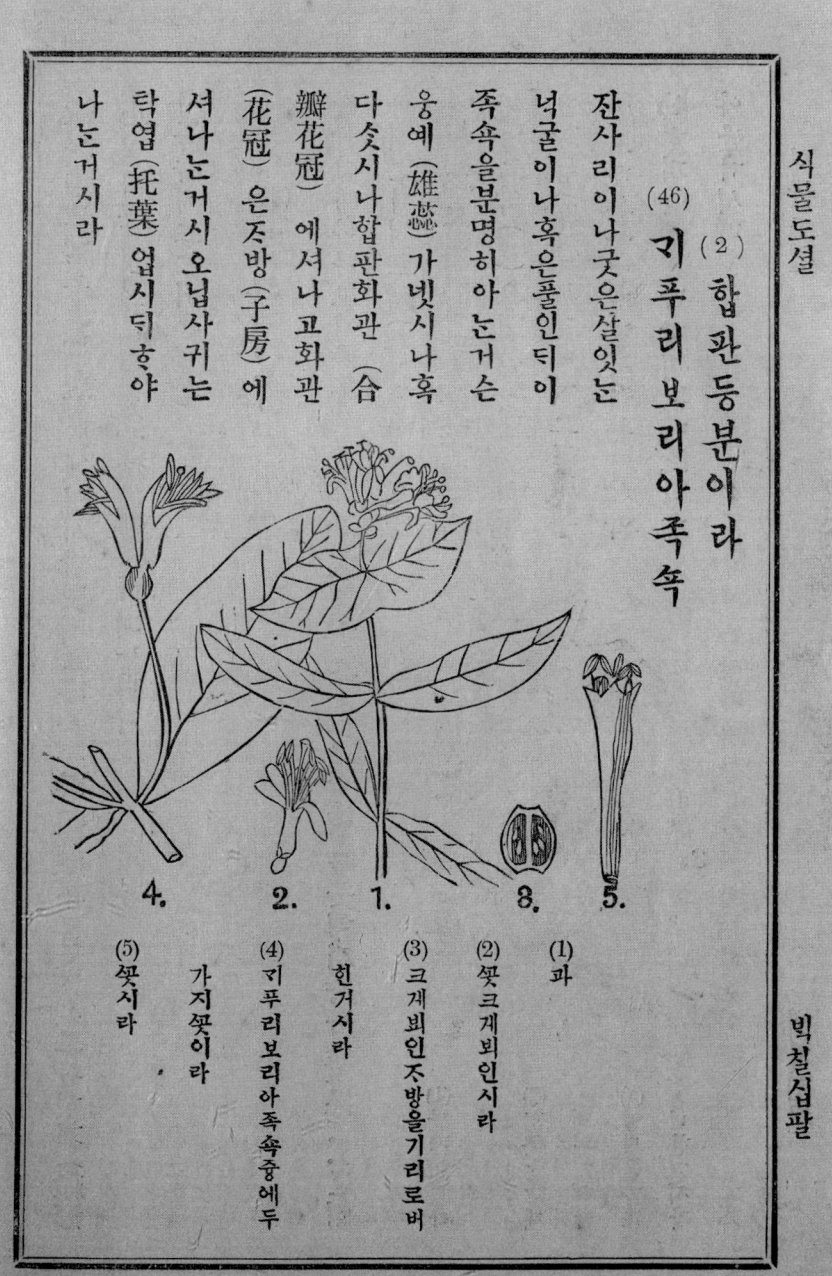

4. (5) 쏫시라
2. (4) 기푸리보리아족속중에두가지쏫이라
1. (3) 크게피인 헌거시라
3. (2) 쏫크게피인시라
5. (1) 과

(45) 콘아족쇽

잔사리이나 나모이나 혹은 풀인되 그 악(蕚)은 ᄌᆞ방(子房)과 붓허셔 쟝과(漿果) ᄀᆞᆺᄒᆞ히 과 되는거시오 판(瓣)은 넷시 오웅 예(雄蕊) 도 넷신되 다ᄌᆞ방(子房)에 셔 나 고 악(蕚)은 넷신되 대단히 젹 고 화쥬(花柱)는 ᄒᆞ나히 오 ᄌᆞ방(子 房)의 방은 둘인되 납사귀는 아 삭아 삭ᄒᆞ지 안코 ᄒᆞ나 밧씨는 마조 되ᄒᆞ 야 난거시라

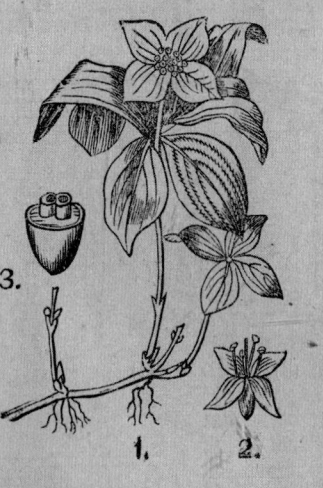

(1) 난졍이 콘아 라
(2) ᄒᆞᆫᄭᅩᆺ슬 크게 되인 거시라
(3) 열미를 가로 버힌 거시라

(44) 아웨리

아족쇽

이족쇽은 스십삼재 족쇽과 굿흔 뒤풀이나 잔사리나나 모라화쥬(花柱)가 흔흔 거슨 둘이샹으로되 고 열미는 쟝과(漿果)와 굿흔 거시오 꼿슨 산형화

이지안코 화쥬(花柱)는 둘이오 줄기는 속이 뷘거시오 닙사귀는 합ᄒᆞ기도 ᄒᆞ고 혹은 아삭아삭 흔 것도 잇고 이족쇽 즁에 흔흔 거슨 순량ᄒᆞ되 혹은 독흔 것도 잇ᄂᆞ니라

(1) 엄빌니푸라 줄기와 닙사귀와 산형화를 뵈이는 거시라
(2) 각각 산형화라
(3) 꼿슬 크게 뵈인 거시라
(4) 열미라
(5) 열미를 가로 버힌 거시라
(6) 단씨 슬니 열미인 뒤진 수과가 서로 ᄯᅥ나눈 거시라

거시 오응예(雄蕊)는혹굽졀될수
잇스며고토리는씨가만히나는것
도잇고젹게나는것도잇느니라

(42) 식시푸리자족쏙

풀도되고잔사리도되는딕스십일재족쏙과분간되는거슨판(瓣)보다좃예(雌蕊)가만
치안코또서로좀붓고악(萼)둉에도붓흔거시오판(瓣)은다숏신듸혹은넷되여악(萼)
에셔나는거시오응예(雄蕊)는다숏시나열이되고혹은만히나는거시라

(1) 크릭시올나숏시라

(43) 엄베리푸라족쏙

풀인듸숏슨젹어셔합훈산형화(繖形花)모양으로나고판(瓣)은다숏시오응예(雄蕊)
도다숏신듸둘다 즛방(子房)우헤나는거시오악(萼)은즛방(子房)에붓허셔즛셰히보

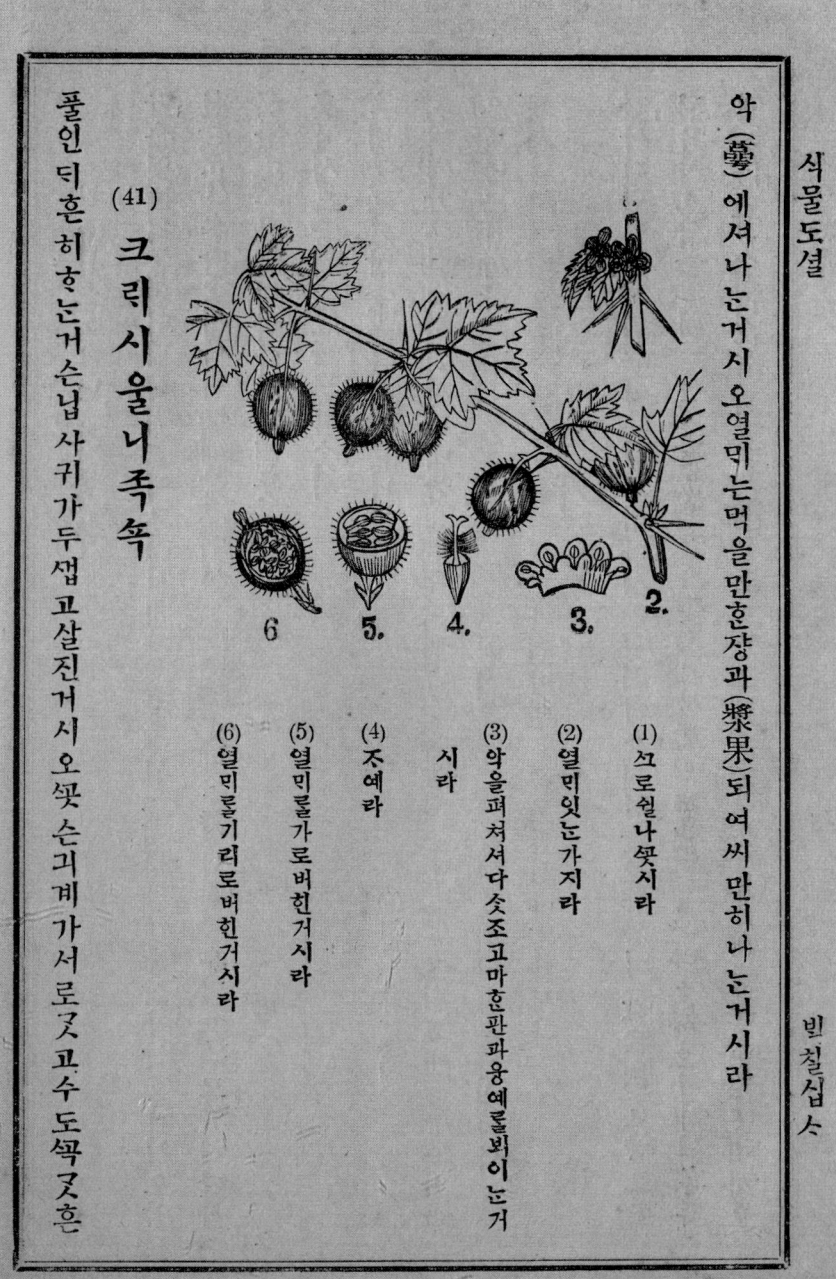

(41) 크리시울나족쇽

풀인 디 흔히 잇는 거슨 닙사귀가 두 셥 고 살진 거시오 꼿슨 그게 가서 로 굿고 수도 쟉 굿흔

악(蕚)에셔 나는거시오 열미는 먹을만훈 쟝과(漿果)되여 씨 만히 나는거시라

(1) 쏘로쉴나못시라
(2) 열미잇는 가지라
(3) 악을 펴셔 다숫 조고마훈 관과 웅예를 뵈이는거시라
(4) 조예라
(5) 열미를 가로 버힌거시라
(6) 열미를 기리로 버힌거시라

(39) 빈스풀노라족속

다손잇는넉굴인디닙사귀는어그러지게나셔장상엽(掌狀葉)이아삭아삭혼거시오악편(蕚片)은다숫시아릭뭇헤붓흔거시오판(瓣)도다숫신디쏘좁은판(瓣)모양히만하큰관(瓣)과흠색악아릭뭇헤붓흔거시오웅예(雄蕊)는다숫시흠색붓고조방(子房)은방혼나되여씨가그벽에셔셋시나네등으로나는거시라

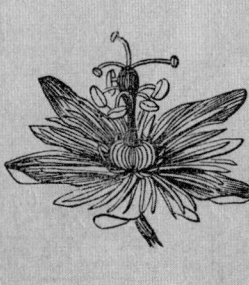

1.
(1) 빈스풀노라뭇시라

(40) 쇼로쉴나족속

잔사리인디닙사귀는어그러지게나셔단엽되여소되피줄은장상믹(掌狀脈)모양으로된거시오악(蕚)의동은조방(子房)과붓흔거시오그조방(子房)보다좀길허져셔혹화관(花冠)과굿치빗난거시오판(瓣)은조고마흔것다숫시오웅예(雄蕊)도다숫신디둘다

약(葯) 만붓흔것도잇고화사(花絲) 만붓흔것도잇고혹둘다붓흔것도잇스며열미는육과(肉果)요그중에 혹은장과(漿果)도되고혹 은고도리도되고씨는크고납쟉ᄒ거시라

이족속에드는것슨호박 수박 외 이 춤외이

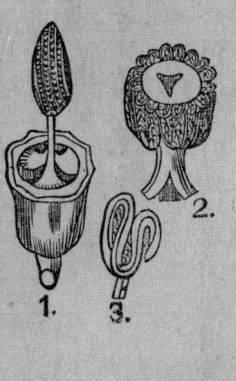

(1) 호박의웅화인디움쎄붓흔웅예를뵈이랴고화관과악웃반을버혀ᄇ림이라

(2) 그움쎄붓흔웅예를크게ᄒ야 뵈인거시라

(3) 수박웅예를크게ᄒ야 그길고속불어진약을뵈임이라

(4) 호박의비라

(5) 비로가로버혀크게뵈인거시라

넷브터여둛석지나고화쥬(花柱)혼나히좀가늘게되고쥬두(柱頭)에혼혼거슨넷시

라

(37) 릭타족쇽

살지고가시잇는풀이오닙사귀는비늘굿혼것밧긔업는딕모양은져막곰굿지아니호야이샹혼거시오관(瓣)은혼혼거슨만히나고웅예(雄蕊)는일샹만히되여둘다혼방만잇는즛방(子房)에셔나는거시오열민는쟝과(漿果)라

(38) 규커비다족쇽

풀인딕부드럽고물만혼거시라닙사귀는어그러지게나고쏘피줄은쟝샹믹(掌狀脉)된거시오손잇는넉굴인딕닙사귀짬에셔나고혼혼거슨즛웅동쥬(雌雄同株)된거시오즛화(雌花)솟에잇는악(蕚)은즛방(子房)과붓혼거시오관(瓣)은혹흠셕붓허합판악(合瓣蕚)도되고악에붓던지악(蕚)에셔난거시라웅예(雄蕊)는혹셋시나되여

예(雄蕊) 도만하고웃가헤셔나는거시오화사(花絲)는별노업고약(葯)은길허진거시오즈방(子房)은좀큰수과(瘦果)되여그잔안헤셔나는거시오그쎱결은내암새나고닙사귀는마조디흐게나셔아삭아삭흐지안코탁엽업는거시라

(35) 리트라족쑥

풀인듸닙사귀가흔흔거슨마조디흐여나셔아삭아삭흐지아니흐고탁엽업는거시오악(萼)은동이나잔과굿고약(葯)에셔판(瓣)이녯브터닐곱식지나고웅예(雄蕊)는녯브터열녯식지악(萼)에셔나고즈방은씨가만히나고고도리는얇은거시오쏘악(葯)조각사이에조고마흔악편(葯片)모양이나고화쥬(花柱)는흔나히라

(36) 오나그라족쑥

이족속에흔흔거슨풀이오혹은잔사리인듸쏫긔게는다녯시나혹그곱절되느니악편(葯片)은녯시녯방잇는즈방(子房)과붓허셔나고쏘즈방(子房)우헤셔웅예(雄蕊)가

목과와쓸기와산사와월계

(34) 킬니킨타족속

닙사귀는 마조디 흑여나고 옷슨 월베와 조곰 굿흔디 단조예(單雌橤) 가 좀만하셔 가온디 뷔교 살진 공경에셔 나는 거시 오 악편(萼片) 이 살진 공경을 여러번 덥흔거시라 그 빗슨 판(瓣) 과 굿흔 자쥬빗치요 판(瓣) 은 좀만 코 공경이 잔굿치 된 웃가혜셔 여러 등으로 나고 웅

(1) 킬니킨타 옷과가지라
(2) 악을 기리로 버힌거시라
(3) 열미 닉은거시라

식물도설
빅륙십구

(33) 로사족속

이족속에 드는거슨 콩과 팟과 당콩과 출기와 말굴례 이족속에 잇는비(胚)는 자엽(子葉)이 살진거시라

이족속은 크고 미우 요긴한 거시니 닙사귀는 탁엽(托葉)이 잇서어 그러지게 나고 꼿슨 계가서 로굿한거시니 판(瓣) 다숫시오 웅예(雄蕊)는 열이샹으로되느니 자예(雌蕊)와 웅예(雄蕊) 가 떠러지지 안는 악(蕚)에셔 나고 씨는 씨집마다 다적게 나는 거시라

이족속에 드
눈거슨 복송
화와 살구와
취이리와 잉
도와 능금과
사과와 비와

1.
(1) 월계꼿봉을 기리로
버힌거시라

2.
(2) 능금나무꼿시라

식물도셜

에흔흔거슨합흔거시오웅예(雄蕊)의흔흔수는열이니악(萼)에셔나는거시오조예(雌蕊)는흔나힌디단조예이오이나뷔굿흔화관(花冠)에판(瓣)다숫시서로굿지아니흔것흔히되거의굿흔것도잇스니그아리둘은흠째호야웅예(雄蕊)와조예(雌蕊)를덥흔

(1) 콩꼿시라
(2) 판을쓰더 노흔거시라
(3) 고토리가터지는거시라
(4) 거즛인딕고꼿시라
(5) 거즛인딕고꼿의판을쓰더빅인거시라
(6) 익물바쏫을 크게븨인거시라
(7) 익물바쏫웅예와조예라

빅륙십칠

딕단히커셔밤과굿혼거시오이는큰나모인딕닙사귀가마조딕공여나셔쟝샹엽(掌狀葉)되여그조각이혹다슷시나닐곱이되는것잇스며옷슨쎅쎅혼복총화(複總花)모양으로나느니라

셋재아릭에셔족속

옷슨흔히번조웅(繁雌雄)되고조웅슈쥬(雌雄殊株)도되여긔계가져막금다굿혼거시오더러는판(瓣)이업스되악(萼)이혹판(瓣)과굿고웅예(雄)는넷브터열둘셕지요화쥬(花柱)는둘인딕아릭가붓고열미는시과(翅果)둘이붓혼거시오닙사귀는마조딕공야난거시라

(32) 릭귀움민노사족속

이족속은만흔거신딕그화관(花冠)아서로굿지아니혼모양은나뷔와굿혼거시오열민눈릭귀움(子殼腹縫)이란고토리요닙사귀는어그러지게나셔탁엽(托葉)도잇고그즁

니라

첫재 아리스렛필니아족속

꽃슨긔게가서로굿고족혼거시오웅예(雄蕊) 수는판(瓣) 수와굿치다숫되여그사이에나눈거시오씨는든든ᄒ고닙사귀는마조되ᄒ여나셔우상엽(羽狀葉) 된것도잇고혹은탁엽(托葉) 잇는닙조각셋신듸미조각에다탁엽잇는거시라

둘재 아리에스룰나족속

꽃슨번ᄌᆺ웅(繁雌雄) 되여그중에더러는ᄌᆺ예(雌蕊) 가업는듸흔흔거슨긔게가서로굿지안코수도굿지아니혼거시오악(萼) 은종모양과통모양되며악편(萼片) 모양은다숫시오판(瓣) 은녯시나다숫되여판경(瓣梗) 잇는거신듸공경에셔나는거시오웅예(雄蕊) 는길혀져셔흔흔거슨닐곱이오화쥬(花柱) 는흔나히요ᄌᆺ방(子房) 은방이셋신듸그방마다비쥬(胚珠) 둘식잇스나닉을ᄯᅢ에는흔나히나둘밧긔닉지안코씨는

(31) 사핀다족속

식물도셜 박륙십ᄉ

(1) 섁아이나무가지를적게 뵈이는거시라
(2) 솟이라
(3) 꼿을악파판둘을쓰더크게뵈임이라
(4) 조방을기리로버혀크게뵈임이라
(5) 조방을가로버혀조포의마다비쥬둘식잇는거슬뵈임이여
(6) 조방이반즘쟝셩ᄒᆞ야그여ᄉᆞᆺ중에ᄒᆞ나만커지는거슬뵈임이라
(7) 고로리닉어셔러지는거시라

흔히더운곳에잇는거신듸그러나이아리세족속은대한일긔와굿흔듸눈잇슬수잇ᄂ

에셔 나 는 것도 잇고 혹 그 악 (萼)
안 헤 살 진 듸 셔 나 는 것도 잇 스 며
또 악 (萼) 이 퓌 기 젼 에 니 가 서 로
맛 눈 거 시 오 열 미 는 방 이 둘 브 터
다 숫 석 지 인 듸 민 방 에 큰 씨 훈 나
식 나 눈 거 시 라

(30) 쐴 늬 시 트 라 죡 쇽

굿 은 살 잇 는 거 시 늬 넙 사 귀 는 단 것 되 여 어 그 러 지 게 나 는 것 도 잇 고 마 죠 디 호 여 나 는 것
도 잇 는 거 시 오 악 편 (萼片) 과 판 (瓣) 이 둘 다 퓌 기 젼 에 서 로 어 긋 쳐 써 운 거 시 오 판 (瓣) 은 넷
시 나 다 숫 신 듸 웅 예 (雄蕊) 는 판 (瓣) 수 와 합 호 야 그 사 이 에 셔 나 셔 악 (萼) 밋 헤 살 진 공 경
에 셔 나 는 거 시 오 고 토 리 는 씨 훈 나 잇 는 방 이 둘 브 터 다 숫 석 지 인 듸 빗 나 셔 보 기 됴 훈 거
슨 가 울 에 닉 을 때 에 고 토 리 가 열 녀 셔 븕 은 씨 가 보 임 이 라

(1) 왬 나 쏫 시 라
(2) 쏫 솔 기 리 로 버 힌 거 시 라

(29) 왬나족쇽

이 족쇽은 굿은 살 잇는 초목인되 그 닙사귀는 단엽 되여 어그러지게 나 고저어진 판(瓣)은 넷시 나 다 솟신듸 웅예(雄蕊) 수는 판(瓣)과 합ᄒᆞ야 바로 그 압헤 나는 거시오 또 둘 다 악(萼)

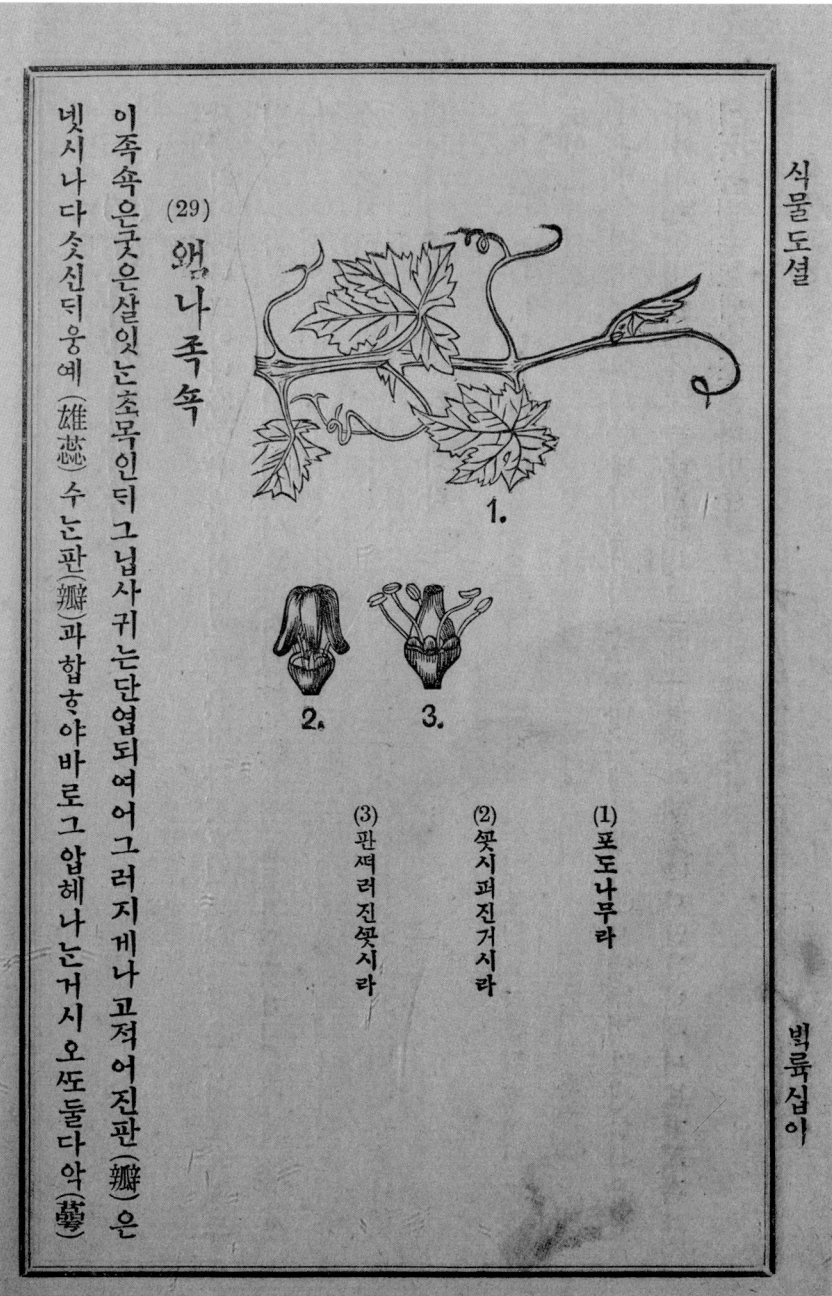

(1) 포도나무라
(2) 쏫시 펴진 거시라
(3) 판 져러진 쏫시라

(27) 인아카듸아족속

잔사리이나 나모이나 혹굿은넉굴인듸 그물은 졋과 굿흔것도 잇고 혹은송진굿흔것도 잇고 혹은독흔거시라 닙사귀는 어그러지게나 고곳슨젹 고조곰푸른거시 오악편(蕚片)과 판(瓣)과 웅예(雄蘂)는 다다숫식 인듸 웅예(雄蘂)는 좀거진공경에셔 난거시 오 화쥬(花柱)나 쥬두(柱頭)는 셋식 인듸 흔방 잇는 즛방(子房)에셔 난거시 오 열미는 씨 흔나만 잇는히 과되여 살젹 게 진거시라

(28) 파이다족속

굿은넉굴인듸 손이잇셔 올나가는 거시오 그물맛슨싀고 악(蕚)은 미우젹 고 판(瓣)은 일즉떠러지는 거시 신듸 수는 다숫시 나되 고 웅예(雄蘂)는 판(瓣) 압헤 흔나식 나는 거시라 이 족속에 드는 거슨 포도 와 머루

거시오쏘약(萼)과 화관(花冠)이 집에 심으고 거름잘호 는데에이 보다 혹곱결될수 잇느니
라 이족속에 드는거 슨봉션화라

(26) 루타족속

내 암새만 코 맛슨 밉 교 싀 고 쓴 거 시 오 닙 사 귀 는 조고 마 호 기 름 잇 는 덤 만 히 잇 고 웅 예 (雄蕊) 수 논 관 (瓣) 수 와 합 호 는 것 도 잇 고 혹 곱 결 되 는 것 도 잇 소 며 웅 예 (雌蕊) 가 공 경 에 셔 나 눈 거 시 라

1.

2.

(1) 쌔샹이나옷시라
(2) 그 약과 화관을 쓰더 뵈 인 거 시 라

(24) 트로비올나족쇽

풀인디 다른 나모에 감기는 넉굴이니 바로 올나가기도ᄒᆞ고 싸ᄒᆞ로 버더 가기도ᄒᆞ는 거시오 물맛슨 게 즛굿치 밉고 닙사귀는 어그러지게 나셔 꼿슨 보기 됴코 서 쑬과 굿ᄒᆞᆫ 거시오 악(蕚) 빗슨 화관(花冠)과 굿고 닙은 다 솟 신되 그 뒤는 길어져셔 쑬과 굿ᄒᆞᆫ 거시오 관(瓣) 도 다 솟 신되 둘은 악(蕚)에셔 나고 셋슨 긴 판경(瓣梗) 잇는거시오 웅예 여 둛이셔 로 굿지 아니ᄒᆞᆫ 거시오 열미는 세 번 버혀진 거신되 베힌 곳마다 씨 ᄒᆞ나식 잇는 거시니라
이 족쇽 즁에 홍련화가 드ᄂᆞ니라

(25) 새삼이나족쇽

이 족쇽에 쇽ᄒᆞᆫ 긔게가 서로 굿지 안코 악(蕚)과 화관(花冠)이 빗치 굿ᄒᆞ야 분간ᄒᆞ기 어려온 거시오 악(蕚)과 화관(花冠)이 합ᄒᆞ야 여 솟닙사귀 되고 그 즁에 큰 거슨 자로 못치 되고 웅예(雄蕊)는 다 솟 신되 기 가적어 공경에셔 나셔 좃예(雌蕊) 우헤 븟ᄒᆞᆫ거시오 열미는 도리 되여 닉을 때에 스스로 터져셔 헤여 질 거시오 닙사귀는 단엽 되여어 그러지게 나는

식물도설

듸웅예(雄蕊)는 열이오 고도리는 다숫방 잇는듸 방마다 씨가 둘이 샹으로 잇는 거시라

(23) 쥴엔이아 족속

이 족속은 풀이 나 조고마흔 잔사리인듸 닙사귀는 내 암새나 고 탁엽(托葉)이 잇스며 그 아릿 닙사귀는 마죠 디흐야 난거시오 뿌리맛슨 뿌드드 흐고 약편(瓣) 다숫시 둘녀 씨운거시오 판(瓣) 다숫시 웅예(雄蕊)는 열인듸 혹은 약(葯)이 엽고 화사(花絲)는 흔흔거 손 아릭가 붓흔거시 오 즛예(雌蕊)는 다숫시 흔씌 흐야 흔나 된거슨 그 길허진 공졍에 붓허셔 그 열믹 닉을때에 씨 흔나식 잇는 교토리가 각각 공졍에셔 떠나 눈 거시라

1. 사귀라
2. (3) 웅예와 즛예라
   (4) 열믹 터지는거 시라
3. (5) 씨라
   (6) 씨룰 가로 버힌 거시라
4. (1)(2) 산에잇는 쑉과 닙
5. 롄이아 쏫과 닙

이족속중에쓸이드느니라

(21) 리나족속

풀이니그껍질은질긴실이나고넙사귀는단엽이오씨에는기름잇는거시오악편(蕚片)은다솟신듸쩌러지지안코판(瓣)은다솟시공경에셔나고웅예(雄蕊)는다솟신듸아리쯧히붓흔거시오화쥬(花柱)는다솟신듸고도리방이열이니라

이족속중에혼간혼삼이드느니라

(22) 악스의리다족속

조고마혼풀인듸물맛슨쇠고닙사귀는합호여셋조각된거시오쏫순혼가는삼족속쏫과ᄀᆺ혼

1. 라
2. (3) 도리가온
   거시라
   (2) 쏫술절반갈
   나크게뵈인
3. 라
   (1) 간혼삼쏫이

(19) 킴밀리아족속

잔사리이나 조고마호나 모인 디닙사귀는 단엽되여어 그러지게나 고닙사귀에 덥엽교 샛순크고 보기됴흔거신디 악편(萼片) 다숫시 서로 엇깃쳐 써운거시오 웅예(雄蕊)는 만히되여 화사(花絲) 가흠색붓고 쏘판(瓣)과 도흠색붓흔거시오 약(葯)은 방들잇고 열미는 세방브터여숫방석지 잇는굿은고 도리인디 방은 셋브터여숫석지요 씨는 만치아니 ᄒ되 큰거시라

이족속중에 되차가드느니라

(20) 오림틔아족속

이족속은 웅예(雄蕊)가 이십이샹으로흔나만잇는긋예(雌蕊)가 흐로붓흔거시오 그닙사귀는 엽신(葉身)과 엽병(葉柄) 사이에 마디가 잇고 닙사귀는 향그러온 내암새가 나고 판(瓣)에 묽은 뎜잇는거신디 그뎜에 눈 향그러온 기름이 잇고 열미는 두쎄온 겁질 잇는 쟝과(漿果)니라

(18) 텰나아족속

이족속은쩍두화족속과굿치
그속껍질은질긴실과굿고물
은갑풀과굿치잘굿는거시오
악편(萼片)은다삿신되좀두
껍고꼿퓐후에떠러질거시오
판(瓣)도다삿신되연향빗치
요웅예(雄蕊)는미우만하셔
다삿등으로공경에셔나고즈
예(雌蕊)는혼나히요즈방(子
房)은방이다삿시오이족속
은물은살잇논큰나모니라

(1) 린든나무꼿과넙사귀라
(2) 웅예폭이와그비늘꼿혼
판이라
(3) 즈예라
(4) 열미롤가로버힌거시라

(17) 밀바족쇽

이족쇽에 드는 꼿시 다굿혼거슨 웅예 (雄蕊)에는 다 화사 (花絲) 가 붓허셔 기동 된 거시오 악편 (萼片) 은 다 숫시 떠러지지 아니호고 납사귀는 쟝샹막 (掌狀脉) 이오 어그러지게 도나며 탁엽 (托葉) 도 잇는 거시오 판 (瓣) 은 아릭 씃히 웅예 (雄蕊) 기동에 붓흔 거시오 쏘 츙악 (蕚) 아릭 총포 (總苞) 가 혹 잇는 거시오 물은 갑풀과 굿치 잘 붓는 거시오 쇽 잡은 질긘 실과 굿흐니라 이족 쇽 즁에 목화와 수박 꼿과 쩍두화 가 드는니라

1. 4. 2. 3. 6. 5.

(1) 쩍두화의 웅예 가 홈씌 붓허 기동 된 거시라
(2) 크게 븨인 악이라
(3) 말으 쓰미로 꼿과 납사귀라
(4) 말으 쓰미로의 합조예 롤 크게 븬 거시라
(5) 힘이 븨 쓰 크 쓰 도리와 가해 잇눈 악과 총포라
(6) 고토리가 다숫 조각으로 터진 거시라

(16) 포틔울늬가족속

풀인디닙사귀는아삭아삭ᄒ지안코살진거시오쏫순히빗솔마즈야ᄯᆯ거시오악편(萼片)은판(瓣) 보다저게나는거시오웅예(雄蕊)는수가만흔것도잇고흑은판(瓣) 과수가합ᄒ여그압헤셔나고열미는ᄒ방만잇는ᄃ리되여셔그씨는ᄃᆡ솔박씨와굿치기동에셔나고물맛손독ᄒ지안코순ᄒ니라
이쪽속중에쳐송화가드느니라

식물도셜

(1) 쳐송화쏫을기리로버혀크게뵈인거시라
(2) 쳐송화도토리쭉경을연거시라
(3) 크레돈이아쏫이라
(4) 크레돈이아악과도토리라

빅오십삼

식물도설

로딕ᄒ여나며 꼿슨긔게가져막금굿ᄒ야수가넷시나다ᄉᆞᆺ시나혹여둛이나열셕지되고웅예(雄蕊)는판(瓣)보다빅곱도되고혹은그이하로되며쏘웅예(雄蕊)가공경에셔나는것도잇고혹악(萼)에셔나는것도잇고화쥬(花柱)나쥬두(柱頭)가흔이ᄒ는거슨각각ᄒ야둘브터여ᄉᆞᆺ지될거시오열미는고도리인디흔흔거슨흔방이잇고씨가방바닥에셔도나고쏘가온대기동에셔도나ᄂᆞ니라이죡쇽즁에디솔박이 드ᄂᆞ니라

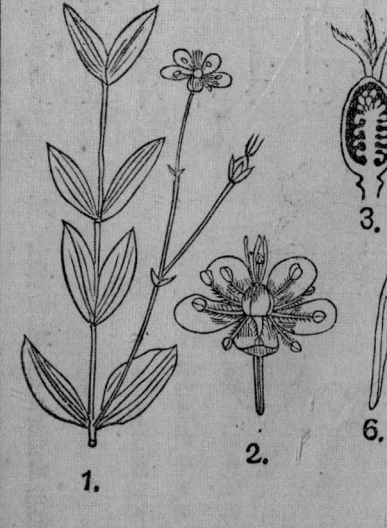

1.
2.
3.
4.
5.
6.

(1) 션드웰트꼿 과닙사귀라
(2) 꼿을크게비 인거시라
(3) 션드스푸렛 조예롤기리 로버혀크게 픠인거시라
(4) 션드스푸렛 주방을가로 버힌거시라
(5) 키츠푸라이 꼿을기리로 버힌거시라
(6) 키츠푸라이 판을각각ᄒ 거시라

빅오십이

(15) 케리오퓔나족속

풀인되 닙사귀는 아삭아삭ᄒ지아니ᄒ고서

풀이 나ᄂ 즌잔 사리인되 닙사귀는 마죠되ᄒ여 나셔 무리은 뎜과 검은 뎜이 잇스되 혹은 훈 닙사귀에 두 가지 뎜이 다 잇고 물맛슨 좀 쓴 거시오 꼿슨 악편(萼片)이 넷시나 다슷시 나되여 써러지지 아니ᄒ고 고판(瓣)도 넷시나 다슷시 되고 웅예(雄蕊)는 더 만하져셔 세 등이나 혹 다슷등에 갈나 공경에셔 나는 거시오 화쥬(花柱)는 둘브터 다슷시 지인되 혹은 각각 되고 혹은 훈ᄭᅴ 붓허 훈나 된 거시오 ᄌᆞ방(子房)은 훈나 밧괴 엽는되 고도리 되여 씨 는 집벽에셔 두 등브터 다슷 등식 지나는 거시라

1. 라
2. (4) 웅예 셋시 모혀 훈폭이 된 거시
   (3) 고도리롤 가로 버히는 거시라
   (2) 조예 셋시 모혀 훈나 된 거시라
3. 이라
4. (1) 하이페리가 쏫

이 족속중에 안즌방이가 드느니라

(13) 씨스타족속

굿은 살잇는 풀이나 혹 여러히 동안 사는 풀인듸 악(萼)은 닙 편 후에 도 떠러지지 아니 ᄒᆞ야 악편(萼片) 다숫 시 셋슨 크고 둘은 적고 죠고마 ᄒᆞᆫ 거슨 눈 밧긔 잇서 모양은 포(苞)와 굿 ᄒᆞᆫ 거시오 판(瓣)은 다숫 시나 셋 시나 다긋 ᄒᆞᆫ 거시사 오웅예(雄蕊)는 셋브터 이십 이샹으로 되여 다각각 공경에 셔 나는 거시 오 조예(雌蕊)는 ᄒᆞ나 히요 고 도리는 방 ᄒᆞ나 히 요 씨는 방벽에셔 세 등으로 나는 거시라

1. 2. 3.
(1) 프로쓰드위 시쯧시라
(2) 그의 악과 조예라
(3) 조방 가온듸를 버혀 크게 븨인 거시라

(14) 하이페리가족속

(11) 웨시다족쏙

풀인디솟손적고서로굿지아니ᄒ야악편(蕚片)은넷브터여솟이나닐곱섯지오빗슨푸르고떠러지지아니ᄒ여솟퓌기전에열니는거시오판(瓣)은넷브터닐곱섯지인디서로굿지아니ᄒ야판경(瓣莖)은넙고엽신(葉身)은여러번버혀진거시오웅예(雄蕊)는열이상으로공경에셔나셔다솟흔편으로모힌거시오고도리는기가젹고광은넙은거신디방은흔나만이오그우혜는열녀져셔셋브터여솟섯지다쌀굿굿치된거시오

(12) 쌔이올나족쏙

풀인디악편(蕚片)과판(瓣)과웅예(雄蕊)가다다솟식되여공경에셔나는거시오판(瓣)중에그아릿거슨다른것과굿지아니ᄒ야그솟히주머니모양된거시오웅예(雄蕊)는잡어셔약(藥)이즈예(雌蕊)가ᄒ로조곰븟흔거시오즈예(雌蕊)는흔나히요화쥬(花柱)도흔나히요고도리는방흔나만잇고씨가세줄노방벽에셔나는거시오닙사귀는탁엽이잇느니라

(10) 크루시펄아족속

이족속도풀아니닙사귀는어그러지게나고물맛슨미우되독공지안코솟의판(瓣)은십 즈모양으로벌닌거시오악편(萼片)도넷시오웅예는여섯신듸둘은잛으니다공경에셔 즈모양으로벌닌거시오악편(萼片)도넷시오웅예는여섯신듸둘은잛으니다공경에셔 난거시오이족 속중에무이빈 초계즈갓나물 쑷갓냥이가드 느니라

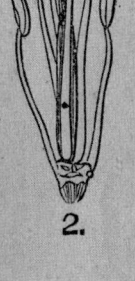

1.

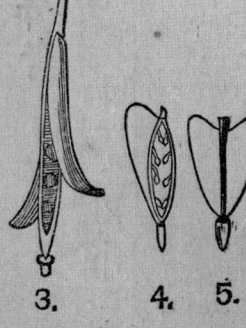

3.　4.　5.

2.

(1) 계즈솟이라
(2) 이솟의웅예를크게뵈인거시라
(3) 두쓰왌도토리라
(4) 링의도토리반은쩌러진거시라
(5) 링의도토리니

(9) 퓨메리아족속

이족속은부드러온풀인디물은빗업고닙사귀는합ᄒᆞ여셔어그러지게나고쏫손서로굿치아니ᄒᆞ며악편(萼片)은죠적어비늘과굿ᄒᆞ거시오화관(花冠)은좀반반ᄒᆞ고봉ᄒᆞᆫ모양이오수는넷신듸ᄒᆡ좀붓허셔그밧ᄭᅴ잇ᄂᆞᆫ둘은좀크며웃ᄭᅳᆺ은좀베힌모양이오그속에판(瓣)은적어셔웃ᄭᅳᆺ치수가락마죠붓ᄒᆞᆫ것굿ᄒᆞ여약(葯)과쥬두(柱頭)를덥ᄒᆞᆫ거시오웅예(雄蕊)는공경에셔나셔여ᄉᆞᆺ신듸혹두등으로날수도잇고다아릿편은붓ᄒᆞᆫ것도잇고ᄌᆞ예(雌蕊)는ᄒᆞᆫ나히오고토리는방ᄒᆞᆫ나히오맛손싁거시라

식물도설

(1) 씨이센토라린경이라
(2) 그의쏫파닙사귀라
(3) 쏫이성긴디로된거시라
(4) 쏫을쓰더뵈인거시라
(5) 홈씨붓ᄒᆞᆫ웅예라

빅ᄉᆞ십찰·

식물도설

예(雄蕊)는만
하공경에셔나
눈거시오즉에
(雌蕊)는흔나
히합흔것되여
방흔것되여
씨는만하잇고
벽에셔나눈거
시라
이족속즁에양
귀비도드니
라

(1) 배피피라쏫봉인듸악은쎠러진거시라
(2) 배피피란쏫이라
(3) 셀린드라의고토리라
(4) 그속에잇눈씨붓흔것이라
(5) 에스쑬지아의쏫봉이라
(6) 그쎠러진악이라
(7) 고고토리라

빅스십륙

(7) 사라셴이아족쇽

진퍼리싸헤나는거신티 닙사귀는 다뿔리에셔나셔 휘여 병모양으로되고 나발모양으로 된거시라

1.

(1) 사라세이아 닙사귀니 훈나혼 가온듸를 버힌거시라

(8) 베푀퍼라족쇽

풀이니 줄기에 물빗슨 흰것도 잇고 누른것도 잇고 븕은것도 잇고 맛슨 식고 독훈거시오 닙사귀는 어그러지게나 고 숏슨 악편(蕚片) 둘이오 판(瓣) 은 넷시 오 혹여 둡브터 열둘 신지니 악편(蕚片) 은 샷필때에 죽시 써러지는거시오 판(瓣) 도 일즉 써러지는거시 웅

蓮는 만흔거시라
이족속중에련도
드느니라

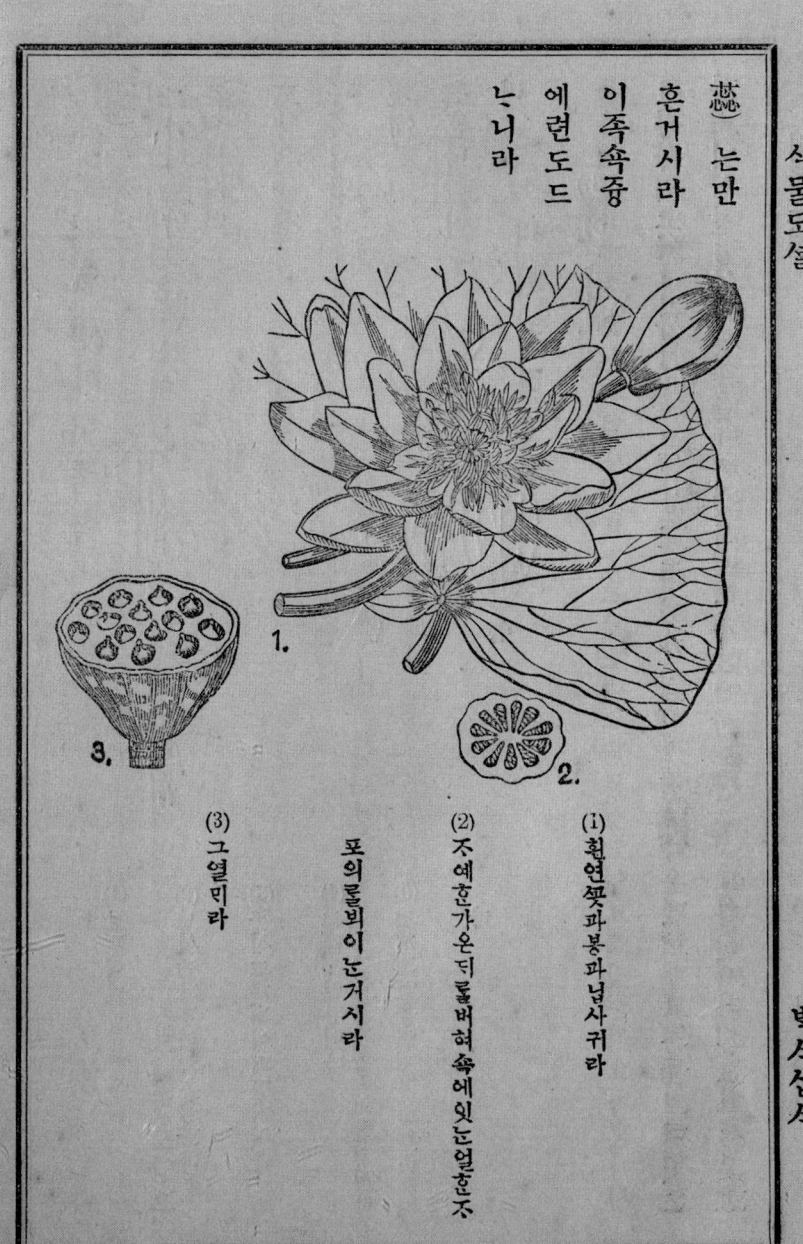

(1) 흰연꼿과 봉과 닙사귀라
(2) 주예훈가온디를 버혀 속에 잇는 얼 흔죠
포의 를 뵈이는거시라
(3) 그 열미라

(6) 님피아족속

(1) 공경이라
(2) 닙사귀흔폭이와 총샹화라
(3) 못시 크게 뵈여 퍼진 거시라
(4) 크게 뵈인 판이라
(5) 크게 뵈인 웅헨되 익이 이여 눈 거시 라

이 족속은 못과 닙사귀가 긴 줄기로 물에셔 나셔 놉히 올나가는 것도 잇고 혹 물에 떠 잇는 것도 잇스며 닙사귀는 혹 방패 모양도 잇고 혹 가릿날 모양되 잇는 거시 오 판(瓣)과 웅예(雄蕋)와 자예(雌蕋)는 혼나만이 라

셔바로 판(瓣) 압헤 나는 거시오 약(葯)의 여는 모양은 들창 과 갓치 열고

어긋쳐셔덥지안코샙질과닙사귀에내암새업고맛도됴치안코씨는크고든든항고닙사귀는아삭아삭항지안코탁엽엽는거시오

(4) 멘이스픔아족쇽

굿은살잇는올나가는넉굴인듸닙사귀는어그러지게나고쏫슨즈웅슈쥬(雌雄殊株)요 악편(萼片)과판은넷시나혹여숫식나는거시오빗슨둘이다굿고즈예(雌蕊)는여러히나셔즈예마다씨혼나식나고이즈예는히파되여셔둥군것도잇고당콩굿혼것도잇는거시라

(5) 쌜쎌이다족쇽

이족쇽에잇는쏫슨악편(萼片)과판(瓣)의수는넷되는것도잇고여숫되는것도잇고혹여들되는것도잇는듸다숫되는거슨엽고웅예(雄蕊)수는판(瓣)과합호여공경에셔나

(3) 아노나족쇽

(1) 포도이란가지와쏫시라
(2) 옹예라
(3) 쏫의주예밧희는풍경의셔난거슨다쓰더버린거시라
(4) 열미니둘은호가온듸롤버힌거시라
(5) 그씨가온듸로버혀그속에알나알나호비유롤뵈인거시라

식물도설

이족쇽은나모나잔사리인듸믹노리아족쇽과조곰굿호여판(瓣)이두등으로나되쏫슨

빅스십일

시떠러지는거시 오곳슨큰거시혼자가지못헤 난거신딕곳닙사귀는 셋식셋식 나느니
악편(蕚片) 셋시판(瓣) 빗과 굿고 또 판(瓣)여슷시 두등으로 나는것과 혹 아홉이 세 등으로
나는 거시 오 또 판(瓣) 이
처음 픠기 젼에 눈어릿쳐
셔 덥히 고웁예(雄蕊) 가
대단히 만하 공경에 셔 나
고 약(葯) 은 길어져셔 화
사(花絲) 닙헤 븟흔 거시
오 즛예(雌蕊) 도 만하 셱
셱 호고 흠씨 븟혀 잣송이
모양 된거시라

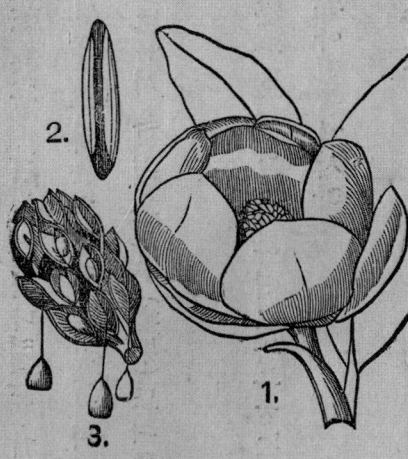

1.
2.
3.

(1) 믹 노리아 곳시라
(2) 크게 픠인 웅예라
(3) 그 열미 가닉어 써 가쩌러 져달
녀 믠 거시라

이족속에흔흔거슨풀이오굿은나모는드므니물빗슨업고맛슨싀고꽃긔게는다각각
호고공경에셔나는거시오판(瓣)은혹엽고쏘이샹훈모양도잇느니웅예(雄蕊)는열둘
이샹으로나고또짓예(雌蕊)는혹훈나히나둘이되혹훈거슨훈나이샹으로만히나셔
서로붓지안코각각훈거시 오닙사귀는 흔훈거슨합훈거시라도 단엽되여갑히버혀진
것도잇고탁엽(托葉)은업는거시오열민는수과(瘦果)도되고도리도되고장과(漿果)
도되느니라

이족속에드는거슨할미꽃과모란이니이아리는공부ᄒ는사룸이꽃슬보고어느족속
인지비화아는듸로미족속아리쓸거시라

(2) 믹노리아족속

이족속은나모나잔사리인듸그셥질은내암새만코맛슨싀고어그러지게나는단엽이
아삭아삭ᄒ지아닌거시오크고얇은탁엽(托葉)이닙사귀를덥헛다가닙사귀펼때에족

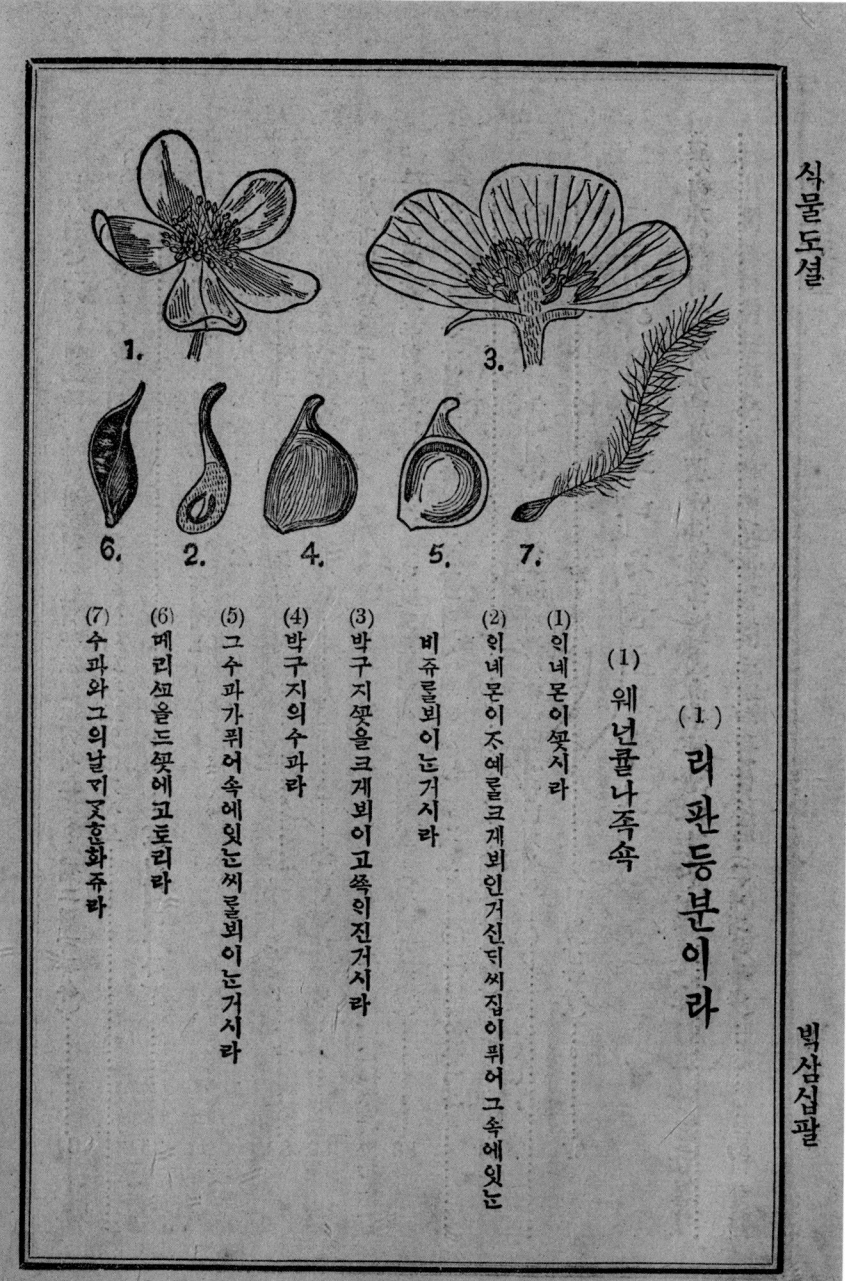

(1) 라 퐌 등 분 이 라

(1) 웨넌률나죡쇽

(1) 인네몬이꼿시라
(2) 인네몬이조예롤크게뵈인거신듸씨집이퓌어 그쇽에잇는 비쥬롤뵈이는거시라
(3) 박구지쏫을크게뵈이고쇽의진거시라
(4) 박구지의수파라
(5) 그수파가퓌어속에잇는씨룰뵈이는거시라
(6) 머리쇼올드쏫에고토리라
(7) 수파와그의날미굿호화쥬라

식물도설

둘재아린지파나 즈문초목이라

닙사귀는우샹엽이오즈방과열미는희과인딕총포업는거시오……(쩌그린다족)……84

닙사귀는단엽이오열미는각과되여흔나이샹이오총포잇는거시오……(규필리퍼라족)……85

쏫두가지가유이화나두샹화모양으로나는거시오

닙사귀는쟝샹믹모양으로되고
약은네번쏙이져셔조화에살져셔먹게된거시오……(어듸가족)……82

약은업고쏫순둥근두샹화모양된거시오……(플너라나족)……83

닙사귀눈우샹믹되
쏫순즁슈쥬인듸포마다쏫훈나식나고고로리는씨만흔거시오……(실리가족)……88

쏫순즁응둉쥬인듸조화는둘이샹으로비늘아릭에셔나눈거시오……(쎈유나족)……86

쏫손조화흔나식비늘에셔나눈거시오열미눈씨흔나밧씌업눈거시오……(밀이가족)……87

참조예가업고비쥬와씨가버셔비늘안편에셔나눈것과비늘업시나눈거시사라……(콘니퍼라족)……89

식물도설 ᆢ 빅삼십칠

식물도셜

박삼십류

웅예넷시악년헤셔나고풀인듸넙사귀는합흔거시오 …………………… (라이밀이아족쇽) …… 81

웅예가다숫이하로공경에셔나고웅은합판되여나발모양으로된화판과굿고악웅굿흔총포가잇고풀인듸 …………………… (구로사족쇽) …… 33

넙사귀는듸흥여난거시오 …………………… (닉라씨이나족쇽) …… 75

악웅판과굿흔악편여숫시잇는듸빗도판과굿고웅예는아흡이나열둘이되고약웅들창모양으로열고나 …………………… (노라족쇽) …… 80

악웅웅화에푸른빗잇는악편이셋브러다숫서지오웅예는수가악편과합흥고쏫손조웅동쥬나조웅슈쥬잇 …………………… (어듸가족쇽) …… 82

눈거시오

(야)쏫손부족흔듸흔가지나두가지나유이화나유이화굿흔두샹화 모양으로나

눈거시라

풀인듸넉굴이라조웅슈쥬요조화에만잠은유이화모양으로나눈거시오 …………………… (어듸가아둰 기니버스족쇽) …… 82

나모나잔사리인듸

웅화만유이화모양으로나고쏫손조웅동쥬요

식물도셜

풀인디락엽이 각각 되고 닙사귀 모양은 혹 합혼거시나 혹 버혀진거시오………(어듸가아틱미니버스쪽)……82

풀인디락엽업고 비늘굿혼 포엽는 거신디 쏫슌푸룬 빗잇는 적은 거시오………(젠오보리아쪽)……77

쏫에 비늘굿혼 포잇는 거시오………(의말닌라쪽)……78

잔사리나 나모 되여 닙사귀는 디 흥여 나고 열미는 시파둘이 붓흔 거시오………(사판다아리에셔쪽)……31

잔사리나 나모 인디 닙사귀는 어 그러지게 되고 락엽은 일쪽 쎠러지는 거시오………(왬나쪽)……29

웅예 가악 녑헤셔 나셔 악편 모양 사이에셔 나는 거시오………(어듸가아리얼머소쪽)……82

화쥬는 혼 나오 쥬두는 버혀셔 둘 모양 되고 열미는 시 파요 닙사귀는 우상엽이오………(울이아쪽)……73

화쥬는 혼 나 화쥬업는 쥬두 가 혼나 된 거시오

악은 동이 잔 모양으로 되여 화판 파 굿치 빗잇는 거시오

웅예는 여둛 되여 통굿혼 악에 셔 나고 잔사리 인디 닙사귀는 단엽이오

빅삼십오

식물도셜

박삼섭 수

악의 동이 주방과 붓허 주방에 방 여숫 잇는 거시오……………(윅리스도녹이아족속)……74

악이 주방과 붓지 아니 ᄒᆞ고
고로리는 방 다숫 신 되 쏠이 다 숫 시오…………………(十크리시울나족속)……41

고로리는 세 방이나 혹 훈 방이 되고 화 쥬는 셋 이상으로 나는 거시오……………(十케리오팔나족속)……15

(2) 주방에 방마다 씨 훈나 히 되 단 거시오………………(十웨년룰나족속)……1

고로리나 장과 열미 인 되 방은 훈나 히 되 둘 밧 쎄 나 지 아 니 훈 거시오………………(十웨년룰나족속)……1

조예는 훈나 이 상으로 되 고 각각 붓지 아니 ᄒᆞᆫ 거시오………………(十웨년룰나족속)……1

악은 판 모양 이며 응예 는 공경 에셔 나 는 거시오………………(十로사족속)……33

악에셔 응예 가 나는 거시 머 남 사 귀 는 락엽잇 는 거시오………………(十로사족속)……33

조예는 훈나 만 인 되 혹 단 조예 둘이 상으로 주방 둘이 합ᄒᆞ야 훈나 된 거시오………………(파이돌니가족속)……76

화쥬는 열 인 되 열미 는 열 식잇 눈 쟝과요………………(파이돌니가족속)……76

화쥬 나 슈두 눈 둘이 나 셋 시오

풀 인 되 락엽이 줄 기 롤 둘너 싸 고 남 사 귀 눈 아 삭 악 삭 ᄒᆞ지 아 니 훈 거시오………………(발니쇠나족속)……79

주방은방넷되여씨넷나는거신듸혹은방이방혼나잇고씨혼나만나는거시며웅예는넷시오……(쎄빈아족속)……62

주방과고토리는방혼나만잇는듸씨가족만히되여주방벽에셔나는거시오속은다른나모들의지향야사는거신듸무른님사귀업는거시오……(오로쎄카족속)……60

주방과고토리는방둘인듸씨크고놀기잇는것과쏘주방과열미가넷시나다숫방잇는거신듸큰씨나는거시오……(쎅논이아족속)……59

주방과고토리는방둘인듸조고마한씨만히도나고적게도나는거시오……(수클노불니리아족속)……61

화관은서로곳고웅예는둘밧씨업는듸굿은살잇는거시오……(울이아족속)……

화관은판모양넷시오……

화관은판모양다숫신듸펴져셔편수호게된거시오……(쎠스민아족속)……73

3 무판등분인듸화관이업고혹악도업는거시라 구이표잇는족속은다른등분에도잇느니라 ……72

(아) 솟나는모양이유이화도아니오두상화도아닌거시라

(ㄴ) 주방의방마다씨만히나는거시오

식물도셜

빅삼십삼

식물도셜

죳방과 열미는 방울이 샹으로 되고

룡예는 넷시 긴 거시오 꼿순 셰 색 혼 슈샹화 모양으로 난 거시오 ……………………(푸린티진아족쇽)…… 56

룡예는 다 솟시오 열미는 고토리 나 장과 되여 씨만 혼 거시오

꼿순 긔 계 서로 조곰 곳지 아니 ᄒ고 화쥬는 버혀지지 아니 혼 거시오 ……………………(수클노볼니리아족쇽)…… 61

룡예는 다 솟시오 고 룡예는 다 곳 혼 거시오 ……………………(솔닙나족쇽)…… 68

풀 인 덕 굴이 며 씨 좀 큰 거시오 ……………………(간발빌나족쇽)…… 67

풀 인 덕 굴 아 니 오 바로 올나 가 며 혹 빗 누어 셔도 올나 가는 거시오 화쥬는 꼿히 세 번 버힌 거시오 ……………………(팔에몬이아족쇽)…… 66

(3) 룡예가 둘이 나 넷시 나 되여 판이 나 약편 모양 수 보다 수가 적은 거시라

화관은 서로 곳지 아니 ᄒ고 약편 모양 수 보다 수가 적은 거시오

죳방은 네 방이 되여 수과 넷시 나는 거시오 줄기는 네 모이 나 고 닙 사귀는 뒤 ᄒ여 나셔 도 혼 내 암새 나는 거시오 ……………………(레비엣라족쇽)…… 63

빅삼십이

식물도설

화관에셔나셔 슈두와 좀붓혼거시오 물은젓과 굿고 조방과 고토리는 못마다 둘식이오
화이 슈두와 조곰 붓고 화사는 홈끠 붓혼거시오 ………………… (익스쿨네피인다족쇽) … 71
약은 슈두가호로 만잇고 붓지 아니혼거시오 화사도 홈끠 붓지 아니혼거시오 … (익포사이나족쇽) … 70
화관에셔나셔 슈두와 붓지 아니혼거시오
화슈는 업고 슈두는 넷 브려 여슷지 오 화관은 졉어져셔 깁히 배혀진거시오 ……………… (익퀴포리아족쇽) … 54
화슈는 혼나 혹 둘이 오 혹 혼나 히라도 두세번 버힌거시오
조방은 방넷 신듸 방마다 수과 ㅎ나 식 잇는거시오
웅예는 넷시 오 닙사귀는 듸 ㅎ여 나셔 됴혼 내암새 나는거시오 …………………………… (레비엔라족쇽) … 63
웅예는 다숫시 오 닙사귀는 어 그러지게 나셔 내암새 업눈거시오 (쓸이진아족쇽) … 64
조방과 고토리는 방혼나 만 잇눈듸 씨는 방벽에셔 나 눈거시오
닙사귀는 배혀진거시오 화슈는 두번 배혀진거시오 ……………… (하이드로빌나족쇽) … 65
닙사귀는 아삭 아삭지 안코 듸 ㅎ여 난것 과 그러지게 나셔 그 닙사귀가 세 조각 된거시오 ……………… (쎈치안아족쇽) … 69

빅삼십일

식물도설

용예는여슷시두등으로나고판은넷시흠쎄붓흔거시오………………(十퓨메리아족쇽) 9

남사귀는단엽된거시나혹장상엽으로되고용예는만하셔흠쎄붓허나발긋치된거시오…………(十밀바쇽쇽) 17

남사귀는단엽되여배혀지지안코용예는아리쑷혜만붓흔것도잇고아조붓지아니흔것도잇는거시오…………(十갑멜이아족쇽) 19

용예가만히되여화관아리쑷헤붓흔거시오…………(에빈아족쇽) 55

용예가화관에셔나셔수가판모양보다곱졀되는것도잇고소빅되는것도잇는거시오…………(에리가족쇽) 53

(2) 용예수가판과붓지아니흐고수가판모양보다곱졀되는거시오…………(에리가족쇽) 53

용예수가판모양압헤바로나는거시오

화쥬는다숫시오악은계와굿흔거시오판은다숫신듸 조금만붓흔거시오…………(푸렵쎄진아족쇽) 57

화쥬는흔나히오판은흑거위붓지아니흔거시오…………(푸렘울나족쇽) 58

용예가판모양사이에나셔수가혹넷시나다숫시오

공경에셔난거시오…………(에리가족쇽) 53

빅삼십

식물도셜

닙사귀는마조딕호여나고타엽은업는거시며꼿순총포잇는두샹화모양으로나눈거시오⋯⋯(딤사족속) 49

닙사귀는마조딕호여나셔탁엽업는거시며꼿순두샹화모양으로나되총포는업고
웅예는수가판모양다숫잇는것보다이나셋시나적은거시오⋯⋯

웅예는수가판파굿고혹은나히적은거시오⋯⋯(샐이리인아족속) 48

닙사귀는탁엽업시여러히되호여나고혹은닙사귀가되호여나셔탁엽잇는거시오⋯⋯(키푸리보리아) 46

화관에셔나지아니호되화관과홈께나는거시오⋯⋯(루비아족속) 47

웅예수가화관의판모양과합호눈거신듸플이오⋯⋯(킴판울나족속) 52

웅예수가판모양수보다곱졀되여굿운살잇눈플이오⋯⋯(계일너시시아족속) 55

(야)악이즈방에붓지아니호야화관이씨집아리공경에셔나는거시오

(1) 웅예가판수보다더만흔거시오

닙사귀는합호는거시오고도리는방호나히요꼿시혼호거슨긔게셔로굿지아니호는거시오

웅예는열이나혹더되는것시오⋯⋯(ㅜ릐긔움민노사족속) 32

빅이십구

식물도셜

슝예열이오고도리는방다숫시오닙사귀합훈거시오(악스의리다족쇽)⋯⋯22

슝예는열되여약보다수가적은거시오화쥬는다숫시구온대기동에붓혓다가마를쌔에씨집이각각기동에셔쩌러지눈거시오⋯⋯⋯(쏠엔이아족쇽)⋯⋯23

2 합판등분인듸화관에판닷식지다붓흔것도잇고조곰붓흔것도잇느니라 속은다른등분이표잇는족

(아악이즈방에붓혀셔화관이즈방에셔나는거시오에도잇느니라

슝예는약파홈쎄붓허스되화사는붓지아니호거시오씃손홈쎄호여두상화되고악파욧훈총포가잇는거시오⋯(감파싯다족쇽)⋯⋯50

슝예는화사석지좀붓고씃손두상화모양으로나지아니호는거시오⋯⋯(노빌니아족쇽)⋯⋯57

화관은서로붓지아니호고훈편에버혀진거시며씃손족훈거시오

화관은서로붓고손잇눈부드러운넉굴이오씃손즈웅동쥬되눈거시오⋯⋯⋯(+규커비다족쇽)⋯⋯38

슝예눈서로붓지아니호고화관에셔나눈거시며닙사귀눈마조되호여나는거시오

빅이십팔

식물도설

씨는여솟시되여씨집벽에서세곳으로나눈거시오……………(씨스라스족속) 13

씨가두어시나혹만히되여웅예가서로붓지안코 씨가고토리구온대셔나고닙사귀는마조듸ᄒᆞ여난거시오……(캐리으필나족속) 15

씨가고토리벽에서나는것과고토리바닥에서나는거시오……(석시푸티자초족속) 42

씨가만히나셔길허진장과벽에서나는거시오웅예는다ᄒᆞᆷ셔붓혼거시오……(비스풀노라톡속) 39

쥬방의방은둘브러여솟ᄭᅥ지된것과그이샹으로되논거시오……(익퀴포리아족속) 54

화쥬업눈쥬두와웅예는넷브러여솟ᄭᅥ지되눈거시오……(익퀴포리아족속)

화쥬는셋시오닙사귀는마조듸ᄒᆞ여나셔합혼거시오……(사핀다아티스레필니아족속) 31

화쥬나길허진쥬두가둘이오열미는눌기둘이오(사핀다아티에셔족속) 31

화쥬나화쥬버혀진것다솟시오 웅예다솟시오고토리는열방이오……(리나족속) 21

빅이십칠

식물도셜

빅이십륙

주예는흔나히되여합흔거시니화쥬나쥬두나방이흔나이샹으로되는거시오............(릭거움민노사족속)............32

화쥬가흔나인듸무이족속즁에혹은업는것도잇고혹적어진것도잇는듸화쥬잇스면쥬두가안버혀진
것도잇고조곰만버혀진것도잇는거시오

약은웃구멍으로여눈것과우헤베힌모양으로여눈거시오............(에리가족속)............53

약이길개러지고
풀인듸웅예가쩌러지지안눈약에셔나눈거시오............(리트라족속)............35

풀인듸웅예가공경에셔난거시여숫시라그즁에둘은적어진거시오............(크루시펄아족속)............10

굿은살잇눈풀인듸열미눈씨적게나눈거시오

웅예눈그길허진판녯보다수가적은거시오............(올이아족속)............73

웅예가넓은판수와합흥눈거시오............(씰너시트라족속)............30

화쥬나혹화쥬업눈쥬두가둘브러여숫서지잇눈것과화쥬가두번브러여숫번서지버혀진거시오

주방과열미눈방흔나만잇고

씨눈흔나힌듸잔사리오............(헌아카듸아족속)............27

식물도셜

꼿슌산형화모양으로나는거시오
　　　　　　　　　　　　　　　　(콘아족쇽) …… 45
산형화는합한거시오화쥬는둘이오실과는마른거시오…(엄벨리푸라족쇽) …… 43
산형화는단것되고씨복죵화갓한산형화오화쥬는셋브러다숫지오혹은둘이며열미는쟝과요…
　　　　　　　　　　　　　　　　(아웨리아족쇽) …… 44
악이쥬방과붓지아니한것과혹은쥬방이조곰붓되열미에는붓지아니한거시오
넙사귀는묽은덤이잇셔혹미운맛도잇고혹향니나는거시오
넙사귀는단엽되여아삭아삭향지안코마조끠여난거시오
　　　　　　　　　　　　　　　　(하이패리가족쇽) …… 14
넙사귀는합한거시오 …… (루타족쇽) …… 26
넙사귀에묾은덤업는거시오
쥬예는한나이샹으로되고넙사귀에탁엽잇는거시오 …… (로사족쇽) …… 33
쥬예는넷시나다숫시오풀인되넙사귀에탁엽업는거시오 …… (크리시울나족쇽) …… 41
쥬예는둘이조곰만붓고탁엽업는거시오 …… (식시푸틱자족쇽) …… 42
쥬예는한나되여단것시니방한나히오화쥬와쥬두는한나식되는거시오

빅이십오

식물도셜

박이십亽

잔사리인듸악이좀커셔악편넷시나다亽시나되는거시오…………(왬나족속) 29

풀인듸조방파고토리는방亨나히오

악편이오판다亽시오쥬두셋시오

악편이수가판파합亨고화쥬와쥬두는간간亨나식이오……(푸렝울나족속) 16

용예수가판파합亨야그사이에나는것파용예보다판수가곱절되는것도잇고혹은아조합亨지안는거시오……(포릭울너가족속) 58

악이씨집가호로붓亨거시오

용예는셋시서로붓亨것도잇고조곰만붓亨것도잇스며쏫순쥬옹둥쥬되는거시오…………(규키비다족속) 38

용예가붓지안코수는판파긋기도亨고혹은곱졀되는거시오……(스로쉴나족속) 40

씨는만히되여亨한방잇는쟝파인듸잔사리오

씨는만히되여亨한방이나두방되는고토리화쥬는둘되는거시오…………(셕시푸릭자족속) 42

씨가만히되여네방잇는고토리오화쥬는亨나히오…………(오나그라족속) 36

쏫순취산화나두샹화모양으로나는거시오화쥬와쥬두는亨나되는거시오
…쏫순브러다亽ᄭ지되여미방에씨亨알식잇고악쏫히잘뵈히지안는거시오

식물도셜

용예는다숫시키가적어져셔약이조금붓흔거시오고토리는조금믄지면러지는거시오
······(쐐삼이나 족속)······25
용예여몹이셔로붓지안코열미는씨집셰조각이흔듸붓흔거시오···
······(드로비울나 족속)······24
용예여숫시두등으로갈나잇고화판이용예를덥흔거시며 고토리는방흔나만잇는거시오
······(퓨메리아 족속)······9
(2) 화판이셔로굿흔것과 거위굿흔거시오
용예가판파수가굿흐야판압헤용예가나눈거시오
조예는흔나 이샹으로각가 붓지안코판은여숫시오笑슌즁응슈요
······(멘이스곰아 족속)······4
조예의조방은흔나밧씨업소되화쥬는다숫시각가된거시오
······(풀넘쎄진아 족속)······57
조예와화쥬는흔나힌듸혹쥬두는베힌모양되여둘된거시오
약은들장문과굿치우호로여눈거시오판은여숫시나여둛되눈거시오
······(쎌쎈이다 족속)······5
약은길게열니 눈거시오
굿은넉굴인듸악이적고판은일쥭쎼러지눈거시오
······(파이타 족속)······28

빅이십삼

식물도설

뎨이십이

(야) 웅예가 열이 하로 되는 거시오

(1) 화판이 서로 굿지 아니 훈 것과 조예 가 훈 밧씨 업는 거시오
…………………………………………………………………… 35
화쥬나 쥬두 가 셋 브러 여돏 식지 되고 악은 방 아리 붓 훈 거시오 (리트라 죡속)

잔 사리인 뒤 닙은 마조 뒤 ᄒᆞ여 나고 조방은 여러히 닛는 거시오 …… 42
풀인 뒤 닙 사 귀가 살지 고 방 훈 나 만 잇는 고로 리인 뒤 독 경 곳 치 우흐로 여는 거시오 (셕시푸리자 죡속)

넙사 귀가 마조 뒤 ᄒᆞ야 나 셔 훌훈장 상엽 되고 악의 끗 모양은 다 솟시 오 잔 사 리 나 나 모 …… 16
…………………………………………………… (포러울너 가족속)

넙 사 귀는어 그러지 게 아 니 훈 녑이 잇는 거시오 …………………………… 31
…………………………………………………… (사핀다 아리 에 스쿨나 죡속)

화 사 귀는 훈훈 거 손 훔 쎄 붓 흐 되약은 붓 지 안 코 판 이 아 리 돌은 흑 붓 훈 것 도 잇 고 아 조 갓 가 히 잇 는 것 도 잇 는 거시오 …………………………… 32
…………………………………………………… (뢰괴움민 노 사 죡속)

넙사 귀는어 그러지 게 나 셔 락엽 잇는 거시오

화사는 귀이 가젹어 셔 약 다 솟시 훔 쎄 붓 훈 거 시 오 소 아 리 잇 는 판 훈 나 훈 밋 헤 주머 니 모양된 거 신 뒤
고토리는 씨 담벽에 셔 씨 가셰 줄 노 나 눈 거시오 ……………………… (쌔이 울 나 이 죡 속)

넙사 귀는어 그러 지 게 나 고 락 엽은 업 는 거신 뒤 쏫 손 판 훈 나 훈 길어 셔 주 머 니 모양된 거시오

………………………………………………………… 12

식물도셜

식물도셜

넙사귀가쇽이뷔여물병곳치된거시오화쥬는우산파곳치된거시오……(사라선이아족쇽)……7

넙사귀는둥군모양이오화쥬는업눈거시오……(넙피아족쇽)……6

(2) 용예가판아틱쇼파붓허셔들다공경에셔나는거시오

화사가길개여러히흠씩붓고약은당콩알모양으로방훈나만잇는거시오……(밀바족쇽)……17

화사가판아틱쇼헤붓허셔약은길게되여방들이잇는거시오……(킨밀니아족쇽)……19

(3) 용예가약에셔도나고쏘혹은악이쥬방과붓훈쌈에셔도나눈거시라

판이만하여러줄노나눈거시오

잔사리인딕넙사귀는마조딕호여나셔단엽되고쏫순잔듸빗치요……(킬니킨라족쇽)……34

넙사귀업고살진풀인딕모양이이샹훈거시오……(킥라족쇽)……37

물에나눈풀인딕쏫파넙사귀가키셔물우헤쓰눈거시오……(넙피아족쇽)……6

판이넷시나다숫시나혹여숫시나되눈거시오

넙사귀는락엽이잇고어그러지게나눈거시오……(로사족쇽)……33

넙사귀는락엽이업고써만훈

화쥬와쥬두는훈나식이오고토리가약에붓치안코악이고토리열미요

화쥬와쥬두는훈나식이오고토리가흐로둘닌거시오

식물도셜   빅이십일

식물도셜

뎨이십

판은큰것여슷브러아홉서지오 남사귀는호나히나둘밧씨업고깁히바헌거시오……………（썰썰이다족속）5

판은넷되여서로굿지아니호것과쏘조고마호거시오……………（웨넌쿨나족속）1

합호거신딕씨가방바닥에셔나눈거시오……………（포리울너가족속）16

합호거시신딕방호나히면씨가방녑헤셔나눈거시오

악이쏫핀후에써러지고관보다악편이만치아니호거시오……………（배꾀퍼라족속）8

악이다슷신딕쏫봉되엿슬째에어그러지지안코니가서로맛눈거시 오열미는쳑화인딕씨호나잇눈것

악편이서로어그러지눈거시 오열미눈방만히잇눈거시오……………（렐니아족속）18

악이써러지지아니호고열미아리틱잇눈거시오……………（오린희아족속）20

넙사귀는마조딕호여나셔묽은뎜도잇고검운뎜도잇눈거시오

넙사귀는덥업고도리는방호나만잇눈거시오……………（씨스라스족속）14

넙사귀는덥업고주방에여럿시오물에나축축호딕사눈거시오……………（하이페리가족속）13

식물도셜

족흔씃잇는풀이오

닙사귀가련닙사귀와굿치방패모양되지아니호고합호모양도되고깁히박혀진것도잇고아삭아삭호것도
잇눈거시오……………………………………………………………………………………(웨넌풀나족쇽)

닙사귀는방패모양되여셔엽병이ㄱ온대셔나눈거시오……………………………………(닙피아족쇽) 6

굿은살잇눈뇌굴이니삿순조용슈쥬요닙사귀는방패모양인뒤그줄기는닙사귀가헤갓가히붓흔거시오
……………………………………………………………………………………………………(멘이스품아족쇽) 4

조고마흔나모인뒤삿순족흔고판운여숫시오닙사귀는아삭아삭흥지아니흔것시오……(아노나족쇽) 3

조예여러히긴공경에셔ㅓ녑ㄴ녑ㅜ려붓혼거시오……………………………………………(흭노리아족쇽) 2

조예여러히넙은공경우편에깁히박힌거시오……………………………………………………(닙피아족쇽) 6

조예셋브러여숫ㅅ지인뒤조방은훔쎠붓혀셔동군모양된거시오

여러방잇눈얍은고로리된거시오…………………………………………………………………(웨넌풀나족쇽) 1

고로리에여러씰읫눈뒤방흔나만잇눈거시오……………………………………………………(웨시다족쇽) 11

조예눈흔나밧쎠업고조방은흔나되
단것되여방흔나밧쎠업눈거시오

박섭구

식물도설

첫재지파에 잇는쪽

쪽의열쇠라 열쇠란듯순뜻 슬가지고보아 게혼다눈말이라

첫재아릭지파피종문쵸목이라
  죵예에서나고씨집으로씨를덥흔거시오

I 리판등분인뒤약과화관들다잇고
  판이각각잇는거시오

  (아)웅예가열이샹으로되는거시오

  (1) 웅예가악과화관과조방에붓지아니호고
      공경에셔나눈거시오

  조예가혼나이샹으로되여셔붓지아니호고각
  각된거시오

1.
2.
3.
4.
5.
6.
7.

(1)(2) 외쟝경식물
  줄기라
(3) 피줄이그믈모
(4) 양된납사귀라
(5) 단풍나모의비
(6) 흑츅뿟의비
라
(7) 잉두뿟의비라

빅셥팔

데 오쟝 족쇽을 눈호와 공부홀거시라

첫재 등수는 현화식물부 초목인디

참꼿과 춤씨가 나는거시라

첫재 지파외 쟝경식물 초목이라

줄기는 굿은 살이 셥질과 고기양이 사이에 잇셔 히마다 크는 디로 돌긔가 흥나 식되나

그줄긔를 버혀 돌긔를 헤여 보면 그 나무가 몃히 되엿는지 알거시 오 닙사귀는 피줄

이 그믈과 굿흔거시 오 꼿슨 긔게 수가 흔이 흥는거슨 다숫시오 멧되는 것도 만코 셋되

는 거슨 별 노 업스며 혹 빅곱호 야 여둛이나 열이나 되고 고비는 졋엽 둘이 오 쏘 시쟝쳥

목은 졋엽이여러 힌 티 만일 비를 보지못 흥나 줄긔와 닙사 귀만 보아도 알긔 쉬오니

라

식물도셜

빅십칠

식물도셜 뎨십륙

줄이 그물 모양 된 닙사귀와 꼿긔계 수가 다 슷되는것과 비(胚)를 씨에셔 쎅여 즛엽(子葉) 둘되는거슬보니 첫재 지파 인줄 알거시 오 즛예(被子門) 인줄 알거시오 오악(萼)과 화관(花冠) 둘 다 잇고 화관(花冠) 이 다 흠씨 붓흔거슬 보니 합판(合瓣) 등분인줄 알고 빅이십팔편을 볼거시오 화관(花冠) 즛방(子房) 밋헤 공경 에셔 나는거슬 보고 이 등분은 호인(아)아리 잇는줄인지 알거시오 도 웅예(雄蕊) 가 판(瓣) 모양 사이에 (瓣) 모양과 합흥니 첫재 룰지 내여 둘재 인줄 알거시오 웅예(雄蕊) 가 화관(花冠) 에셔 나고 쥬두(柱頭) 와 붓저 아니혼거슬 보니 그 아리 굿 치 쓴줄 셋즁에 셋재 줄 인줄 알거시오 도 화쥬(花柱) 혼나 잇는 거슬 보니 그 아리 굿 치 쓴줄 즁에 둘재 줄 인줄 알거시 오 도 즛방(子房) 과 고토리 에 방셋 잇는 거슬 보니 그 아리 굿 치 쓴줄 셋즁에 셋재 줄 인줄 알거시 오 웅예(雄蕊) 가 다 슷시 잇고 고토리 에 씨 만치 아니 혼거슬 보니 그 아리 써러진줄 즁에 셋재 줄 인줄 알거시오 줄인줄 알거시 오이 풀이 너 살 잇고 씨 가 크니 간발 빌 나 족 속 인줄 알터인디 67재 족속을 보고 엇더 혼지 이 꼿 시 그 족 속 인지 즛셰히 알거시니라

(被子門) 인지알거시오

 또어느등분인지알아볼거시니꼿출처음볼때에화관(花冠)잇는줄알지마는꼿퓌기 전에꼿봉을보고이판(瓣)굿흔것밧씌봉업는것보니판(瓣)모양이라도악(蕚)이라그런 즉셋재등분무판(無瓣)인줄알고빅삼십삼편을차자볼거시나무판(無瓣)등분을보고 이꼿치유이화(蕤䕋花)모양으로나지아니ᄒ니(아)와(야)중에(아)인줄알거시오또(아아리 첫재와둘재중에이꼿치짓방(子房)에방마당씨혼나식잇는것보고둘재인줄알거시오 또둘재아리놉히쏜두줄을보고이꼿출보니즛예(雌蕊)가혼나이샹으로되고각각ᄒ 엿ᄉ매쳣재줄에잇는줄알고그아릿떠러진두줄즁에이꼿출보디악(蕚)은판(瓣)모 양이오웅예(雄蕊)는공경에셔나는거슬보고왼늘나족속인줄알지라그런즉이족 속을차자보아셔모양이엇더케된지알거시라

232 이런족속에는十이표물두엇스니이는판(瓣)업는풀이라도판(瓣)잇는등분족속 에잇는거시오

233 또가령흑츅꼿츨가지고빅십팔편에열쇠를보고몬져어느지파인지알녀ᄒ면피

식물도셜   빅십오

식물도셜   박십ᄉ

스니(아)래잇는거신줄알수잇ᄂ니라ᄯ웅예(雄蕊) 나는거슬보고이(아)를다시세번는호엇는듸이ᄭᆺ에악(蕚)과화관(花冠)를싸면웅예(雄蕊) 가이즈예(雌蕊) 아리공경에셔나는것과악(蕚)과화관(花冠) 이흠ᄭ례 붓지아니ᄒ거슬보니 첫재인줄알거시오

230 ᄯᅩ이 첫재아리열다ᄉᆞᆺ시나열여ᄉᆞ속이잇스니놉히 ᄌ예(雌蕊)라쓴줄은다ᄉᆞᆺ인듸첫재 줄을보면 ᄌ예(雌蕊) 가ᄒ나이상으로각각되엿ᄂᆞᆫ듸이ᄭᆺ치그러ᄒ지라그아리ᄯᅥ러진줄은셋신듸이 ᄭᆺ치풀도되고즉ᄒᆞᆫᄭᆺ치니셋줌에 첫재 줄과합ᄒᆞᆫ거시도잇고아리줄은둘인듸첫재 는 닙이방패와 굿지아니ᄒ고합ᄒᆞᆫ것도잇고급히버혀 진것도잇고아삭아삭ᄒ거시 오둘재 는 닙사귀가방패 모양되여 엽병이 닙사귀신듸이ᄭᆺ 슬보니 둘재 줄과합ᄒ지안코첫재 줄과합ᄒᆞᆫ거시 곳 첫재 되는웨넌 나족속이라그런즉이족속을차자보면분명히알지니라

231 ᄯᅩ가령할미ᄭᆺ출가지고열쇠를보고첫재 는어ᄂ지파인지알거시니 닙사귀에피줄이그물굿ᄒ거슬보고 첫재지파인줄노알거시오 ᄯᅩ그다음에 첫재지파아리ᄂᆞᆫ호인피즈문(被子門) 인지나즈문(裸子門) 인지알녀ᄒ면 ᄌ예(雌蕊) 와씨집을보니피즈문

풀이어느지파인지알녀ᄒ면이두지파를아는분간은(이빅십삼)(이빅십수) 쳘에 임의 말ᄒ엿고도 쳣재지파에 모양이엇더ᄒ거신지빅십칠편에다시말ᄒ엿는지라이쏫줄기가젹고씨가 젹어셔어느 모양인지 ᄌ셰히 알 수 업스되 닙사귀도 보고쏫긔계수만 보면어느지파 인지 알거시니 닙사귀는 피줄이 그물 모양이되엿고 쏫긔계는 판(瓣)과 악편(萼片)이다셧 식이니 쳣재 지파 인줄 알거시라 빅십팔편에 쳣재 지파 족속의 열쇠를 보고
피ᄌ문(被子門)인지나 ᄌ문(裸子門)인지 알거시라이쏫가온대 잠은 화쥬(花柱)잇는
ᄌ예(雌蕊) 가만코 ᄌ방(子房) 이봉ᄒ여 비쥬(胚珠)를 덥는거슬 보니 결단코 피ᄌ
문(被子門)이라
쏘열쇠를 보고이쏫시쳣재등분(빅십팔편)인지둘재등분(빅이십팔편)인지셋재등분
(빅삼십삼편)인지알고져ᄒ니판(瓣)이각각된거슬보고쳣재등분리판(離瓣)인줄노알
거시오
쏘열쇠를보고이쳣재등분을돌노는홧는듸 (아)이란거손(빅십팔편)웅예가열이샹으로
되는것과 (야)이란거손 (빅이십이편) 웅예 가열이 하로 되는거신듸이쏫슨 웅예 가만히잇

식물도셜

빅십삼

뎨이대지 씨슬 보고 공부홀거시라

228 공부호고져호여 꼿나모를 취홀째에 꼿봉과 열미와 뿌리선지 홀수 잇눈디 로 다 취 홀거시니 즉시 보지 못호고 꼿나모를 두어 고호 면 무솜 양 털 동에 두 고 두 셩을 잘 덥 흐면 오릿 동안 마르지 아니 호느니라

229 아모 초목이나 어느지 파인지 어느 족 속인지 엇더케 호야 분명히 알거슬 여러 방법 으로 말호노니 빅 십팔 편을 보면 첫재 지파에 열쇠를 볼 터이니 이 칙에 임의 듯 지 못홍 던 이 샹혼 말이 잇눈디 혼 말이라도 무솜 말인지 즈셰히 알지 못홍 면 편에 명 목을 보고 그 말이 어느 졀에 잇눈지 차자 가셔 분명히 볼지니 추추 알아 듯 눈디 로 더 공부 홀지니라 가령 박우지 꼿슬 가지고 이 빅 십팔 편에 보고 쳐음 알녀 고 호눈거슨 이 풀이 현화식물부 (顯花植物部) 인지 은화식물부 (隱花植物部) 인줄 알거시라 꼿 업 눈은 화식 (雄蕊) 와 즈예 (雌蕊) 가 잇스니 현화 식물부 (顯花植物部) 인줄 싱각 호 야 꼿과 웅예 물부 (隱花植物部) 초목은 공부 호기가 어려온 고로 이 칙에 쓰지 못 호 엿 느니라 그 다음에

합판등분

　무 판등분

아릭지파에 둘재는 나 조문이란거시오

둘재지파는 닉쟝경식물이나 단조엽이란거시오

　　육슈총화
　　관상류
　　영화류

둘재등수는 솃엽눈은화식물부란거시라

식물도셜

관(花冠) 꼿흔화개(花蓋) 도엽는딕 곡식의겨와 긋흔것만잇는거시니라

227 첫재 지파에 외쟝경식물(外長莖植物) 초목은그중에 족속이 빅이나 되고 둘재지파 닉쟝경식물(內長莖植物) 초목은그중에 족속이 혹오십이나 되는니라 쏘족속속일홈은로 만아라말인딕 아모나라이나식물공부ᄒ 는사름이 이 말을 쓰나니라 공부ᄒ 는사름이 처옴빅홀때에는 이 초목이어느족속인지 알기어려울지니 그러나 만히 힝습ᄒ면 지파알기쉬온것과 긋치족속도 알기쉬울지니라

초목을 눈호 거시라

첫재등수는 꼿 잇는 현화식물부란거시오
첫재지파는 외쟝경식물이나 쌍ᄌ엽이란거시오
아릭지파에 첫재는 피ᄌ문이란거시오
리판등분

비쥬(胚珠)와 씨가 버슨거시라

219 또 피즈문(被子門) 가온대 셰가지 등분이 잇스니 리판(離瓣)과 합판(合瓣)과 무판(無瓣)이라

220 리판 Polypetalous (離瓣) 은 화관(花冠)이 다 논호여 판(瓣)이 여럿된거시오

221 합판 Monopetalous (合瓣) 은 화관(花冠)이 다 혼 딕 붓혀셔 판(瓣)이 홋나만 되는거시오

222 무판 Apetalous (無瓣) 은 화관(花冠) 업는거시라

223 또 닉장경식물(內長莖植物) ᄀ온대 셰가지 잇스니 육슈총화(肉穗總花)와 판샹류(瓣狀類)와 영화류(潁花類)라

224 육슈총화 Spadiceous (肉穗總花) 는 꼿시 다 육슈화(肉穗花)에셔 나는거시오

225 판샹류 Petaloideous (瓣狀類) 는 꼿시 육슈화(肉穗花)에셔 나지 아니 ᄒ고 화개(花蓋) 가 잇는거시오

226 영화류 Glumaceous (潁花類) 는 꼿시 육슈화(肉穗花)에셔 도 나지 아니 ᄒ고 화

214 **닉쟝경식물** Endogenous (內長莖植物) 지파에 줄기는 그 굿은 살이 실과 굿치 길게 되여셔 속고기양이와 흠셕셕겨셔 자르는 거시 오 섭질은 벗기기 쉽지 못 ᄒ며 넙사귀는 평힝믹엽구십칭쳘보시오 이되고 꼿긔계 수는 셋시나 빅곱 ᄒ여 여 솟시나 되고 혹 둘이나 넷슨 잇스되 다섯슨 외쟝경식물(外長莖植物)에는 흔흔 거시라 도 닉쟝경식물(內長莖植物)에는 도모지 업는 거시라 쏘 비(胚)는 죳엽(子葉) ᄒ나 밧쎄 업는 거시오

215 이 말을 보니 줄기만 보고도 어ᄂ 지파 인지 알 수 잇고 쏘 닙사귀나 꼿시나 죳엽에셔 처음 날 쌔라도 보면 어ᄂ 지파 인지 알 수 잇ᄂ니라

216 외쟝경식물(外長莖植物) 지파 가온대 쏘 아리 지파 두 가지 가 잇스니 쳣재는 피 죳문 이오 둘재는 나 죳문(被子門) 이라

217 **피 죳문** Angiospermous (被子門) 초목은 꽃예(雌蕊)에 씨 룰 덥는 죳방(子房)이 잇는 거시니 이 외쟝경식물(外長莖植物) 지파는 스시 쟝쳥목밧쎄 는 다 피 죳문(被子門) 이오

218 **나 죳문** Gymnospermous (裸子門) 초목은 춤 죳예(雌蕊) 가 업고 딕신 비ᄂ를 만 잇셔

서지잇는거시오은화식물부(隱花植物部)는꼿치퓌지아니호고씨를딕신호야포
즈(胞子)라호는거시잇는거시니데이쟝데이대지에이거슬ᄌ셰히말호엿는지
라

211 이꼿엽는은화식물부(隱花植物部)초목은공부호기가미우어려온고로이칙에말
ᄒ지못ᄒ고꼿잇는현화식물부(顯花植物部)초목을말ᄒ노니

212 꼿잇는초목을줄기와닙사귀와꼿과씨에잇는비(胚)를보고는호면두지파이니외
쟝경식물(外長莖植物)과닉쟝경식물(內長莖植物)이라

213 외쟝경식물 Exogenous (外長莖植物) 지파에줄기는굿은살이겁질과고기양
이사이에잇고ᄯ마다사눈듸로그새로나는굿은살이그젼히에난살밧쯰에잇는거시
오쯘닙사귀는망믹엽(綱脉葉) 구십칠졀 보시오 으로되는거시며이외쟝경식물(外長莖植物)꼿
즁에흔훈거슨꼿긔계수가넷시나다ᄉ시나되고혹빅곱호야여둡이나열이나되는거
시오혹셋되는거슨별노엽스며ᄯ비(胚)는ᄌ엽(子葉)이둘이나혹그우흐로되고ᄒ나
되는거슨엽고

식물도셜　　　　　　빅칠

식물도셜

뎨ᄉ쟝 초목을ᄂᆞ호와 공부ᄒᆞᄂᆞ거시라

뎨일대지 엇더케 ᄂᆞ호ᄂᆞ거시라

208 식물공부에ᄂᆞᆫ호ᄂᆞ거슨 죵류와 모양을 보고 ᄎᆞ례디로 두ᄂᆞᆫ거시니 이셰샹에 디긔 도여러 가지요 슈도도 각각 다르며 동물도귀 ᄒᆞᆫ사름브터 쳔ᄒᆞᆫ버러지ᄭᅡ지 여러 가지 죵류가 무수ᄒᆞ니 하ᄂᆞᆲ의 셔이디긔 와 슈도와 여러 가지 모양동물의 게 뎍당케 ᄒᆞ시랴고 초목도 여러 가지 무수ᄒᆞᆫ 죵류로 만드ᄉᆡᆺ는지라 이 각식 죵류가 다 ᄎᆞᆺᄎᆞ ᄒᆞᆫ 모양으로 되지 아니ᄒᆞ고 흥샹 각각 되게 ᄒᆞ시랴고 죵류가 ᄯᅢ를 ᄯᅩᆺᄎᆞ 졔 모양으로 ᄂᆞ게 ᄒᆞ셧ᄂᆞ니라

209 온 초목을 ᄂᆞ호ᄂᆞᆫ거슬 이 우혜 벌셔 다 말ᄒᆞ여 스되 공부ᄒᆞᄂᆞᆫ사름을 분명히 알게 ᄒᆞ랴 흐므로 ᄯᅩ ᄒᆞᆫ번 말ᄒᆞ노라 초목을 보고 등수를 두 가지로 ᄂᆞ호 수 잇스니 쳣재ᄂᆞᆫ ᄭᅩᆺ 잇ᄂᆞᆫ 것 과 둘재ᄂᆞᆫ ᄭᅩᆺ 업ᄂᆞᆫ 거시라

210 ᄭᅩᆺ 잇ᄂᆞᆫ 거슨 현화식물부 (顯花植物部) 라 ᄒᆞ고 ᄭᅩᆺ 업ᄂᆞᆫ 거슨 은화식물 부 (隱花植物部) 라 ᄒᆞᄂᆞᆫ디 현화식물부 (顯花植物部) ᄂᆞᆫ 참 ᄭᅩᆺ치 픠여 ᄡᅵ 도 나고 비 (胚)

식물도셜

빅오

베밋논이들아 오놀 잇다가 릭일아궁에 더지논들풀도하느님끠셔 이러케 닙히시거든 하믈며 너희야 더옥 닙히지 아니 ᄒᆞ시랴 그런고로 념려ᄒᆞ기를 무어슬 먹을가 무어슬 실가 무어슬 닙을가 ᄒᆞ지 말나 이 모든 거슬 너희 하늘 아바지끠셔 네 쓸 거신 줄 아시ᄂᆞ니라 ᄒᆞ셧스니 우리 가지금ᄭᅡ지 이 식물 공부를 ᄒᆞ여 보니 하ᄂᆞ님끠셔 초목을 내샤 동물의 쓸 거슬 삼으시고 더옥 사롬을 귀히 넉이샤 먹고 닙고 덥게 ᄒᆞ고 집 짓고 살게 ᄒᆞ신 거슬 분명이 알지니 감샤 ᄒᆞᆯ지어다

식물도셜   빅스

파낸셕탄도 불사롤거시라 이셕탄은 녯젹에 낫던수풀인디 몟만년젼에 싸히 크게 디동
호야 그 수풀을 덥헛던 거시라 초초 변호야 셕탄이 된 거시라 또 나모와 셕탄에셔 더운 긔운
이 엇더케 나는지 말호면 초목이 자랄 때에 히빗출 밧고 자랄 터인디 탄긔(炭氣)가 화호야
초목의 살 되는 디로 히빗과 히에 더운 긔운을 쌀 아드려 거두엇시니 그런고로 나모이나
셕탄이나 사롤 때에 이더운 긔운이 나옴이라 그런즉 우리를 덥게 ᄒᆞ 는 것과 빗빗최게 ᄒᆞ
는 거슨 히에셔 바로 밧고 ᄯᅩ 거둔 초목에셔 도 밧을 거시오

닐곱재는 **빗친디** 셕유와 피마 ᄌᆞ 와 셔와 굿흔 것에셔 나는 여러 가지 기름과 황
초와 육초를 다 궁구ᄒᆞ야 보면 초목에셔 된 거시라

205 여둛재는 **몸이 더운 것** 도먹는 것세셔 나 느니 이 도 초목으로 된 거시라

206 이셋재 쟝을 보고 셩경말 솜을 성각 홀 거슨 마태복음 륙쟝 이십팔졀브터 삼십일졀
207 지 보니 말솜 ᄒᆞ 시기를 ᄯᅩ 너희가 엇지 의복을 위 ᄒᆞ 야 근심 ᄒᆞ 느냐 들에 빅합곳 치 엇더
케 자르는가 성각 ᄒᆞ 여 보아라 슈고 도 아니 ᄒᆞ고 질삼도 아니 ᄒᆞ 느니라 그러나 나ㅣ너희
게 말 ᄒᆞ 노니 솔노문의 지극 ᄒᆞᆫ 영광으로 도 닙은 거시이 솟ᄒᆞ 나 만 굿 지 못 ᄒᆞ 엿 느니라 젹

셧스니동물즁에혹은풀이나열미를바로먹는것도잇고혹은풀의열미를그디로먹는
것도잇고혹은풀의열미를그디로먹지아니ᄒ고그거슬먹고살진즘싱을잡아먹는것
도잇고또혹은사름과굿치나물이나열미를바로먹기도ᄒ고그거슬먹고살진즘싱을잡
아먹는것도잇는디이러케바로먹으나다른즘싱의먹고살진거슬잡아먹으나다초목
엣거슬먹는거시니우리살도본리초목을먹고된거시라

201 셋재는 ᄯᅩ동물이초목을먹고강건ᄒᆯ뿐아니라 약도되여 병든몸을곳칠거시
오

202 넷재는 사름의닙을것되게ᄒᄂ거 신디대한사름의닙는솜과모시
뿐아니라면쥬와ᄯᅩ다른나라사름의닙눈양의털옷시라도초목이업스면다되지못ᄒᆯ
거시오

203 다숫재는 사름의쓰는긔계와집지을거신디 긔계를만드는쇠
도다나모가업스면긔계를일울수업는거시오

204 여슷재는 사름이불사를거시니 나모를바로사롤것뿐아니라ᄯᅡ혜셔

식물도셜   빅삼

식물도셜

박이

하느님께셔 브터 지금꼬지 초목을 만드신이만 참 쏘어디로 가는지 무르면 디답 홀 터인디 헤아려 보면 하느님께셔 첫재는 동물이 숨쉴만 호게 홈 이니 공긔 즁에 동물의 게 요긴호 거슨 양긔(陽氣) 인디 이거슨 공긔 다숫분즁에 호분이 오 쏘 탄산(炭酸) 긔운이 잇느니 동물은 양긔(陽氣)를 먹고 화호야 탄산(炭酸)이 되고 초목은 탄산(炭酸)을 먹고 화호야 양긔(陽氣) 가 되는 디 동물이 양긔(陽氣)를 먹지 못호면 살수 업스니 그런즉 만일 초목이 업고 보면 동물이 양긔(陽氣)를 먹을 것 업고 탄산(炭酸)이 만하져셔 다 죽을 거시오

200 둘재는 동물이 먹게 홈 이니 초목이 이러케 공긔에 탄긔(炭氣)와 물과 흙본 질을 먹고 쇼화호야 살이 되매 동물이 먹을 거시 되느니 동물은 이셰가지를 다 먹고 살수 업스니 초목이 동물을 위호야 이런 일을 호는 거시라 동물이 먹을 초목의 살은 잔씩 과 살진 쑤리와 린경과 줄기와 실과 와 씨 ― 니라 구약 창셰긔 일쟝 이십구결과 삼십절에 하느님께셔 말슴 호시기를 네게 주어 먹게 호엿거슨 짜에 결 실호눈 치소와 씨 잇는 나모 열미 요 쏘 풀 노 써 닷는 즘싱과 나는 시와 곤충과 모든 싱물의 게 주어 먹게 호리라 호

닙사귀가 싱진을 밧어 쇼화 ᄒ랴 ᄒ 터이니 뿌리가 그 싱진을 ᄲᆯ이 드리 ᄂ 틔로 줄기가 그 싱진을 닙사귀ᄭᅡ지가 져갈 거시라 줄기 되 ᄂ 모양이 뿌리와 굿치 조고마 ᄒ 각되 눈 방수만이 잇 ᄂ ᄃᆡ 그 싱진이 엇지 ᄒ 야 그 여러 방을 지니여 드러갈수 잇 ᄂ 지 ᄌᆞ셰히 알 수업스되 그러케 ᄒ ᄂ 줄은 의심업시 알지니라

197 싱진이 닙사귀ᄭᅡ지가셔 그 넙은 외면으로 퍼져셔 힐빗과 공긔를 마 ᄌ 거시라 이 싱진중에 만흔 거슨 물이라 물방울마다 흑본질 조곰식 거두엇스니 물은 힐빗츨 마져 김이 되고 흑본질은 남아 잇 ᄂ ᄃᆡ 닙사귀에셔 이 거슬 쇼화 ᄒ 여 자를 거시니라

198 이 쇼화ᄒ ᄂ 거슨 물과 긔운과 흑본질이니 그 ᄃᆡ 로 잇지 안코 이러케 쇼화 ᄒ 여 초목의 살이 되 ᄂ ᆞ니 온 셰샹에 무수 ᄒ ᆞ 초목이 다 이런 일을 ᄒ ᄂ 지라 이 물과 긔운과 흑본질은 쇠돌 인 ᄃᆡ 이 거슬 쇼화 ᄒ 여 초목의 살이 되 ᄂ ᆞᆫ게 ᄒ ᄂ 닙ᄭᅴ셔 동물의 게 유익 ᄒ ᆞᆫ 게 흠은 초목 밧ᄭᅴ ᄂ 이 셰가지를 먹고 살수업스니 이러케 초목이 먹 ᄂ ᆞ게 ᄒ 여 사름의 쓸거시 되엿 ᄂ 지라

199 그런즉 초목이 이러케 ᄒ ᄂ 동물의 게 효험이 무엇시며 ᄯᅩ ᄒ ᄂ 닙ᄭᅴ셔 셰샹을 죠셩

식물도셜   빅일

식물도셜

빅

그남은지는곳다헤본질이라 닙사귀도습긔롤먹기는비방울과 안긔와 이슬을먹을수
잇소되쑤리보다는젹게먹는지라 닙사귀쌜아드리는거슨긔운인덕쏘쑤리도다듬으
로공긔롤조곰식쌜아드릴수잇느니라

195 초목이졔 겹질노 그먹는거슬쌜아드리느니 동물은그먹은거슬 비속에두어그리
로온몸에퍼지는듸 초목은 그러치아니훈지라 무론 무슴초목이던지 어려슬째에 눈온
몸이다새로되엿스니 온몸에 겁질노쌜아드리되 추추 귀여살이 굿어지면 새로된 겹질
노만쌜아드리느니라 초목의 닙사귀도 시쟝쳥목석지쩌러지고 다시나는 거시니
거슨 닙사귀도 늙으면 굿어져 잘쌜아드리지 못 호고 새로히나 옴이라 현
미경으로 닙사귀 안면을 보면 조고마 혼 닙굿 혼 구멍이 수만 곳이 잇서 공긔가 닙사귀에
드러가기쉽게된지라

196 초목이 마실수 잇는것 밧쎄 먹지 못 호느니 이 션 듯 은 현미경으로 풀을 보면 쑤리와
닙사귀에 수만 방이 잇는듸 이 방에 는 각각담이 잇는 고로 마실 것 밧쎄 는 각 방에 다 갈수
업 느니라 초목의 잇 는 진이란 거슨 따 와공긔에셔 쌜아드 려셔 소화 호 기젼에 싱 진 이라

뎨삼쟝 초목이자라는것둘은무엇시며무삼쓸디잇셔만드럿고초목의흔일이엇더홈이라

192 이우헤지금신지비혼거슨초목의자라는긔계와다시나게호는거신디자라는긔계는줄기와쑤리와닙사귀요다시나게호는거슨초목이씨에셔나셔추례로가지도나고닙사귀도나고나죵에쏫퓌여씨섯지나는거슬임의다비혼지라

193 초목이그긔계로이러케일호는거슬보고무러볼거슨엇더케호며무어슬호고웨호느뇨하느님씌셔초목을만드신신둙을셰드를수잇스니몬져는

194 초목이엇더케호는거슬싱각호여볼지라아모풀이던지흥샹호는거슨졔먹을거슬짜와괴운에셔썰아드리는디이먹을거슨습긔와괴운과짜에비물을밧아녹은거시라풀쑤리가축축혼싸에붓허시니자라는긔계중에쑤리는뎨일습긔를잘먹는긔계라쏘이습긔를먹을때에그싸에본질을조곰식먹을터이니나모나닙사귀를불노살화셔

식물도셜   구십구

식무도셜

성과 {피즈문이란거슨써집봉훈거시오
나즈문이란거슨버슨써잇는거시라

씨론이라
씨가엇더훈것과된모양이오
껍질모양이엇더훈거시오
속알과비유요
씨와열민와쏫시다비에미여스니비가뎨일깁훈거시오
또비의긔계를다시말훈거시라

송이

구십팔

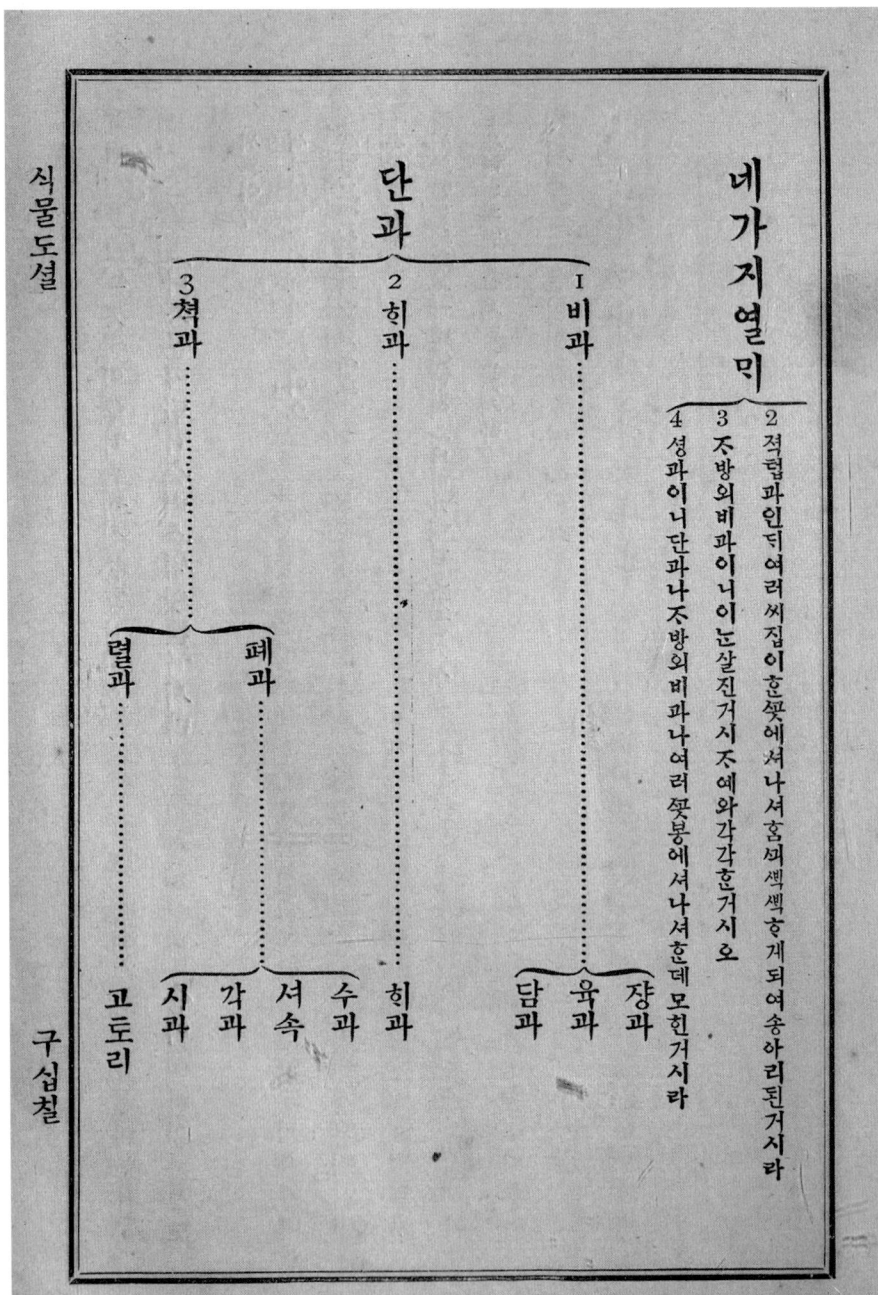

네가지열미

2 젹렬과인되여러씨집이훈矢에셔나셔홈씌셕셕훈개되여송아리된거시라
3 조방의비과이니이논살진거시조예와각각훈거시오
4 셩과이니단과나조방의비과나여러矢봉에셔나셔훈데모힌거시라

단과
1 비과 ─ 쟝과 / 육과 / 담과
2 희과 ─ 희과
  ─ 페과 ─ 수과 / 셔속 / 각과 / 시과
3 쳑과 ─ 렬과 ─ 고토리

둔거시오 이십일재 그림을보니 그 비유(胚乳)를 주엽(子葉) 속에도거두고 밧씨 도거둔 거시오 엇던 씨는 비유(胚乳)가 주엽(子葉) 속에도 모지두지 아니호고 밧씨 만 잇는 것도 잇느니라

191 비(胚) 라 호는거슨 조고마호 초목이 씨에셔 자를 거신디 씨와 열미와 솟치 다 이 비(胚)의 게 민 운 거시라 씨에 잇는 비유(胚乳) 는 비(胚)를 먹이려 홈이오 씨 겁질은 씨가 집에셔 나온 후에 비(胚)를 보호 호는 거시오 쏘 씨 집은 비(胚) 날동안에 보호 호고 먹일 거시오 웅예(雄蕊)와 주예(雄蕊)는 본디 비(胚)를 나게 홀 거시라 비(胚)는 유근(幼根)이라 호는 줄기 도 잇고 주엽(子葉) 도 잇고 혹 유아(幼芽)도 잇는 디 엇더케 쳐음브터 나 종선 지 자라는 거슬임의 말호 엿는지라

뎨 스 대지에 요지라

여러 가지 열미라

1 단과인디 호 주예에셔 난 씨집이오

189 씨된모양은 속알 Kernel 과 겹질 Coats 이니 겹질은 두가지인듸 밧씨 잇는 것과 속에 잇는 거시라 속겹질은 얇아셔 약호거시오 그 밧씨 잇는 겹질은 혹 측쏫과 굿치 반 흑 호게 되며 속알과 꼭 굿치 되 ᄂ 것 도 잇고 박주가리굿호거슨 밧씨겹질에셔 ᄯᅥ러 짓호거시나 목화씨는 밧겹질 외면에셔 솜털이 나고 ᄯ 엇던씨는 밧겹질 혼 편에셔 만 놀기 ᄂ 것 도 잇고 혹 두 편에셔 다 놀기나 ᄂ 것 도 잇ᄂ니 이러케 털이 나 ᄂ 씨겹질 에셔 나 ᄂ 지 아니 ᄒ ᄂ ᄀ 시 오 긴호거 ᄉ 발람으로 씨를 널니헷 치기 위홈이라 ᄯ 엉거퀴굿호거 ᄉ 털이 ᄂ 거 시 오 긴호거 ᄉ 집에셔 나 ᄂ니 구십팔재 그림에 혹 측쏫씨 와 구십구재 그림과 일빅재 그림에 씨 겹질 에셔 털이나 놀기나 ᄂ 거슬 볼지니라

190 속알은 씨겹질들 잇는 그 몸이니 씨되는 거슨 비(胚) 나 혹은 비유(胚乳) 인듸 비유(胚乳)는 임의 예비ᄒ여 둔먹을거시라 비(胚) 가 자를 ᄯ 에 이거슬먹 고 자를 거시니 십ᄉ재 그림과 십오재 그림과 십팔재 그림과 십구재 그림을 보면 비유(胚乳) 가 비(胚) 밧씌 잇지 아니호고 ᄌ엽(子葉) 속에 거

식물도셜

잣
성과
97

러히훈송아리 된거슬 먹을거시 오늘금과 빗과 목과는 살진약(藥)을 먹고 복송아 굿훈히과(核菓)는 씨 집밧 겻헤 살진 거슬 먹고 포도와 굿훈 거슨 온 몸이 다 살져 셔 먹을 거시니라

186 구십칠재 그림에 잇는 송이 열미 도셩과(盛菓)라 훈는 거슨 그 비늘마다 조화(雌花)가 되여 그 안편에 훈 알이나 두 알이나 버슨 씨를 낼 거시니라

데이는 씨론이라

187 씨 라 훈는 거슨 비쥬(胚珠) 가 약(蕋)에 잇는 화분(花粉)을 마져 비(胚) 섯지 된 거시라

188 이 척뎨 일장에 씨 공부를 좀 훈엿스니 지금은 공부홀 것 별 노 업스나 대강 말훈 노라

조방의비과

거시니이거시즛방외비과인디그밋헤는악(蕚)이잇고가온대
살진거슨공경이오그우헤잇는거슨조고마흔수과(瘦菓)열미
될즈예(雌蕊)나라

방외비과(子房外肥菓) 가각각여러솟에셔나셔씩씩흐게되여흔송아리된거시니구십
륙재그림을보면오도(桑實)란열미인딕이런셩과(盛菓)는보
기눈씨둘기긋흐되그분간이되는거슨다흔솟에셔나지아니흐고
여러솟봉이합흐야흔씩씩흔송아리가되여솟마다씨흐나식
오도

184 셩과 Multiple fruit (盛菓) 라흐는거슨단과(單菓)이나즈

나는거시니먹음작흔거슨씨집이아니오각솟에악(蕚)이살져

셔수과(瘦菓)를덥는거시오

185 그런즉사룸이열미란거슬먹을때에살진것여러가지모양을먹는딕오도(桑實)곳
흔거슬먹을때에는살진악(蕚)도먹고그송아리붓흔줄기석지먹는거시오미국닙쌀기
에먹을거슨살진공경이오대한쌀기는공경이살지아니흐고조고마흔흑과(核菓)여

180 이우혜공부혼거슨 단과 Simple fruit (單菓) 인디 열미즁에도 합과 Compound fruit

(合菓) 가잇스니 셰가지라 젹텹과 (積疊菓) 와 즛방외비과 (子房外肥菓) 와 셩과 (盛

菓) 인디

181 젹텹과 Aggregated fruit (積疊菓) 는 단과 (單菓) 여럿시 혼곳에셔 나셔 썩썩 혼송

아리가 되느니 대한나모 딸기가 그러ᄒ니라 이런 열미는 알마다 조고마흔 힉과 (核菓) 가 되

여 젹어 진잉도나 복송아와 굿혼거시니라

182 즛방외비과 Accessory fruit (子房外肥菓) 인디 악 (萼) 이나 공경이나 살지는

거시잇스니 구십삼재 그림을 볼거시라 월계가 그러ᄒ되 그 악

(萼) 이 살져셔 씰광이나 빗과 굿ᄒ되 구십스재 그림을 보니 악

(萼) 안헤 공경도 살져셔 잔과 굿치 되고 그 안헤 수과 (瘦菓) 란

열미가 잇느니 이 살진거슨 열미가 아니오 공경이나 악 (萼) 아

살진거시라

183 구십오재 그림을 보면 아 죽 다 되지 못흔들 기를 졀반버힌

수과(瘦菓)와 굿흐되 수과(瘦菓) 보다 큰거시라 밤과 도토리를 보니 그 밋헤 잇서 밧치는 잔곳흔거시 잇는듸 이거슨 그 씨의 게 맛당흔 거시 아니니 구십재 그림을 볼지니라

178 **시과**(翅菓) Key 라 호는 거슨 터지지 안코 흔 알만 잇는 열민 수과(瘦菓)는 각과(殼菓)와 된 모양은 굿호되 이거슨 놀기 가 잇는 니 누룹나모와 단풍나모굿흔류니 구십일재 그림을볼거 시니라

179 **렬과**(裂菓) 열민는 **고도리** Pod 인듸이 고도리 열민는 여러 모양으로 터지느 니 혹 흔 편으로만 터지기도 호고 혹 두 편이나 세 편으로 도터 지고 혹 가온대로 도터지는 니라 그 중에 먹을 듸 긴 호거슨 두 편으로 로터지는 거시 신 듸 콩이나 팟이 그러 호 니 이런 두편으 로 터지는 고도리 열민는 **협** Legume (莢) 이라 호 느니 구십이 재 그림을 볼 거시 오 리 괴 움 만 노 사 족 속 에 잇는 열민 가다 그러 호 니라

야 잇는거시니결단코희과 나비과 나다폐과 (閉菓)니라

174 쳑폐과 (瘠閉菓) 열미중에 공부홀거슨네가지인듸수과 (瘦菓)와셔속과각과 (殼菓)와시과 (翅菓)라

175 수과 Akene (瘦菓) 라ᄒᆞᆫ거슨조고마ᄒᆞ고봉ᄒᆞᆫ나만잇는열미니 졋셰히아 자못ᄒᆞᆫ 사ᄅᆞᆷ은보고씨라ᄒᆞ되씨가아닌줄분명히아 눈모양도보고화쥬 (花柱) 나쥬두 (柱頭) 잇는거슬보고ᄯᅩ그속에잇 눈씨를보면졋혜 (雌蕊) 인줄알지라팔십팔재 그림과팔십구재 그림을보면현미경으로크게훈거시니쥬두 (柱頭) 도잇고ᄯᅩ버힌속을보 니그속에씨가잇슨즉씨집이라그런즉수과 (瘦菓) 는다씨집이니열 미라홀수잇ᄂᆞ니라

88 수과
89

176 셔속 Grain (黍粟) 이라ᄒᆞᆫ 거슨수과 (瘦菓) 와ᄀᆞᆺ지아니ᄒᆞᆫ것ᄒᆞ나 밧ᄭᅱ업는듸 그얇은씨집이씨와ᄀᆞᆺ치 ᄒᆞᆷ ᄭᅴ 붓허굿게된거시니 강닝이나 밀이나 보리알지니라

177 각과 Nut (殼菓) 라ᄒᆞᆫ거슨 섭질이 든든ᄒᆞ여 터지아니ᄒᆞ고 씨ᄒᆞ나만잇ᄉᆞ니

와 분간 되는 거슨 크기도 항고 색지도 든든홈이니라

171 담과 Pome (淡菓) 라 ㅎ는 거슨 능금과 비와 목과와 찔광이 굿ㅎ는 거시니 본리 이 열미는 그 꼿에 잇는 합ㅈ예(合雌蕊) 가 악(蕚)과 홈께 붓허 셔 악(蕚)이 살지고 두껍게 되여 사름의 먹을 거시 되엿느니라 팔십 오재 그림을 다시 보면 이 열미 되는 꼿 쇽을 볼 수 잇느니라 이 열미 중에 목과는 그 살진 거시다 악(蕚) 이 살진 거시오 비와 능금은 그 쇽 갓가히 잇는 굿은 살이 잇는 디 공경이 살진 거시오 그 가헤 휜 살은 악(蕚) 이 살진 거시니라

172 희과 Stone fruit (核菓) 들의 론컨디 취이리와 복숑아와 잉도 굿ㅎ흔 거시니 이런 열미의 밧그 잇는 거슨 쟝과(漿菓) 와 굿치 살진 거시오 쇽에 잇는 거슨 돌 굿 ㅊ 어 질러 인디 이 굿게 된 거슨 씨의 게 맛당흔 거시 아니라 열미의 맛당흔 거시니 씨는 섭질삭지 그 쇽에 잇느니라

173 쳑과 Dry fruit (瘠菓) 와 폐과 Indehiscent fruit (閉菓) 들의 론컨디 살지 지 아니ㅎ고 니 울 거시니 두 가지인 디 렬과 Dehiscent fruit (裂菓) 니 렬과(裂菓) 의 씨집은 그 씨 가 나 가 기 휘ㅎ야 의 스디 로터 질 거시 오 폐과(閉菓) 의 씨집은 절노 열 지 아니ㅎ고 봉ㅎ여 잇느니라

뎨스대지 열미와씨라

뎨일은 씨집론이라

166 씨집울의 론건 디 므릇 꼿시 픤 후에 열미가 될 거신 디 꼿에 잇는 조방 (子房) 이 넉어셔 열미 잇는 씨집이 되는 거시오 또 꼿에 잇는 비쥬 (胚珠) 는 씨가 되는 지라

167 **단과** Simple fruit 룰의 론건 디 조예 (雌蕊) 흐나히 그의 붓흔 것과 홈씌 넉어 셔 씨집 된 거시니 이 단과 (單菓) 룰 논호면 셰가지 인 디 **비과** Fleshy fruit (肥菓) 와 히

168 **비과** Fleshy fruit (肥菓) 즁에 뎨일 흔흔 거슨 셰가지 이 니 쟝과 (漿菓) 와 육과 (肉

169 **쟝과** Berry (漿菓) 라 ᄒᆞ는 거슨 몸의 부드러온 살 이 져셔 무른 거시니 포도와 일년 菓) 와 담과 (淡菓) 니 라

170 **육과** Bepo (肉菓) 는 호박과 수박과 박아지와 외와 춤외 굿흔 거시니 쟝과 (漿菓) 감을 쟝과 (漿菓) 라 ᄒᆞ는 거신 디 쏘 귤 굿흔 것도 두셰 온 셥질 잇는 쟝과 (漿菓) 라 ᄒᆞ느니 라

꼿송아리가몃가지잇는되 총샹화와 산방화와 산형화와 두샹화와 두샹화중에유이화와 육슈화요 쏘총포와 복총
화와 취산화요
화개라ᄒᆞᆫ거시오
판되ᄂᆞᆫ모양 판신과 판경이라ᄒᆞᆫᄂᆞᆫ거시오
웅예의긔계가무엇시오
화분모양과그의ᄒᆞᄂᆞᆫ일이오
조예된모양이엇더ᄒᆞᆫ거시오
꼿치 각각여러모양이로 되ᄒᆞᆫ의 소로문ᄃᆞᆫ거시오
슌졍화와미젼화와쪽화와 쏘부죡화중에 웅화와 주화와 조웅동주와 조웅슈주와 번조웅이오
무조웅화와슈소화와미수소화와긔양간여화와긔불샹여화요
꼿긔계웅예 붓흔거시니 판이 홈ᄭᅴ 붓허 합판 된것과 웅예 가 홈ᄭᅴ 붓흔것과 조예 가 홈ᄭᅴ 붓흔것과 쏘꼿긔계두가
지 홈ᄭᅴ 붓흔거시니 판과 웅예와 악과 홈ᄭᅴ 붓흔것과 웅예 가 화판과 붓흔것과 웅예 가 화쥬와
붓흔것과 악이 조방에 붓흔것과 웅예 가 화관과 붓흔것과 웅예 가 화판과 붓흔것과 쏘꼿긔계가
붓거시라
버슌씨잇ᄂᆞᆫ조예요
초록을두가지로ᄂᆞᆫ호왓ᄂᆞᆫ되 덥흔씨잇ᄂᆞᆫ거슨 피조문이라ᄒᆞ고 버슌씨잇ᄂᆞᆫ거슨나조문이라 ᄒᆞ엿ᄂᆞ니라

식물도셜 팔십칠

모나향나 모굿흔류니 이런 즈예 (雌蕊) 는 비늘이 잇서 그 안편에 비쥬 (胚珠) 를 두는 거신
딕이 송이열미에는 그 비늘이 벌린 즈예 (雌蕊) 가 되여 그 비쥬 (胚珠) 를
즈방 (子房) 으로 덥지 아니 호엿 스니 이거슨 즈화 (雌花) 인고 로 웅화 (雄

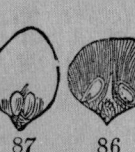

花) 에셔 화분 (花粉) 을 쥬두 (柱頭) 와 화쥬 (花柱) 로 밧지 아니 호고 바로
십칠재 그림을 보면 다 된 씨라 이러케 덥는 즈방이 업고 버슨 씨 되는 거슨 나즈문 (裸子
門) 이라 호고 또 덥는 즈방 (子房) 잇는 거슨 피 즈 문 (被子門) 이라 호느니 스시 쟝쳥목
은 나 즈문 (裸子門) 이오 그 밧씨 다른 꼿 픠는 초목은 다 피 즈 문 (被子門) 이니라

뎨삼대지에 요지라

꼿이 어듸셔 나는 거시오
혼자 나는 꼿과 송아리로 나는 꼿시오
쏘 포라호는 거시오
꼿줄기는 화경과 쇼화경이란 거시오

즈방(子房)을 보면홍 나만 잇슬지라 도합혼 것시 되는 거슨 화쥬(花柱)와 쥬두(柱頭)가 여럿 되는 섯둙이니 대 솔박솟치 그러호니라

164 솟긔게에 혼 이 나는 거슨 다각각 나는 솟 즁에 혹이 긔계

가뎌긔계에 붓혀 나는 거시 잇는뒤 가령 판(瓣)과 웅예(雄蕊) 가흠쎄호녀 악(萼)에셔 나는 거시 잇스니 월계화 잇도 솟치 그러호니라 팔십소재 그림을 보면 미국잉도솟슬현미경으로 크게 혼거시니라 팔십번재 붓혼 거슨 악(萼)과 즈방(子房) 이 흠쎄 붓 혼거시니 팔십오재 그림을 보면 능금과 쌀광이 솟슬 결반버혀 노혼 거시오 쏘 셋재 붓혼 거 슨 웅예(雄蕊) 와 화관(花冠) 이 붓혼 거시니 합판(合瓣) 솟에 이러케 된 거시 만혼뒤 넷재 그림을 보면 알 거시오 넷재 붓혼 거 슨 웅예(雄蕊) 와 화쥬(花柱) 와 화두(柱頭) 섯지 붓혼 것도 잇스나 별노 흔치 아니 혼 거시니라

165 즈방(子房) 업고 버슨 씨 된 즈예(雌蕊)는 이상혼 거신뒤 솔나

삼과 버들과 빅향목이 그러흐니라

154 즈웅동쥬 (雌雄同株) 와 즈웅슈쥬 (雌雄殊株) 밧씌 도 엇던 초목에는 번즈웅예 (繁雌雄) Polygamous 이란 꼿치 피는 디 이러케 피는 거슨 흔 나모에 웅화 (雄花) 이나 즈화 (雌花) 가 피고 도 웅예 (雄蕊) 와 즈예 (雌蕊) 가 둘다 잇서 족화 도 피는 디 혼나모에 이 두가지 모양으로 피기도 호고 또 엇던 나모는 혼 나모에 웅화 (雄花) 만 피고 혼나모에는 즈화 (雌花) 만 피고 또 혼나모에는 족화 만 피는 것도 잇스니 단풍 나모 중에 혹 이러케 피는 거시 잇느니라

155 또 무즈웅화 Neutral (無雌雄花) 라 호는 꼿슨 웅예 (雄蕊) 와 즈예 (雌蕊) 가 업셔 모양 밧씌 쓸 디 업는 거시니 무즈웅화 (無雌雄花) 칠십스재 그림에 불두화 꼿 출본즉 그 속에는 조고마흔 족화가 꼿치만 호되 그가

무즈웅화

식물도셜

칠십구

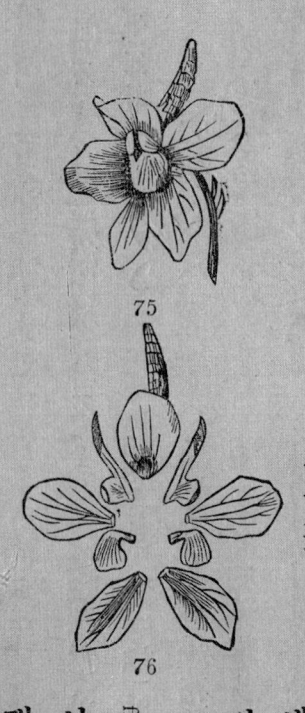

미수소화

헤뵈이는거슨꼿 모양굿ᄒᆞ나 웅예(雄蕊)와 ᄌᆞ예(雌蕊)가 엽ᄉᆞ니 무ᄌᆞᆺ웅화라

156 수ᄉᆞ화 Symmetrical flower (數似花)는 여러 긔게가 다 굿ᄒᆞᆫ 수로 되는거시니 악편(萼片)이 다섯시면 다른것도 다섯시오 악편(萼片)이 세시면 다른것도 세시 되는 긔게 다섯시 아니러케 되는중에 웅예(雄蕊)는 두등이 잇서 다른것보다 비곱이 되여 다른 긔게 다섯시 면 웅예(雄蕊)는 열이 오다 른 긔게 셋식이 면 웅예(雄蕊)는 여섯 되ᄂᆞ니 륙십오재 그림을 보면 그 긔게 가 다 다섯식 되는 거시 오륙십구재 그림을 보면 그 긔게 가 셋식 되는 거시라 ᄯ도 이런꼿중에 흔ᄒᆞᆫ거슨 어 그러지게 나는 거시 신듸 판(瓣)

157 미수ᄉᆞ화 Unsymmetrical flower (未數似花)는 그 긔게 수 가 서로합ᄒᆞ지 못ᄒᆞ는거시니 칠십 재 그림에 눈 악편(萼片) 보다 웅 예(雄蕊)은 악편(萼片) 사이에나 고웅 예(雄蕊)에 수가 다른것과 합ᄒᆞ면 판(瓣) 사이에 잇ᄂᆞ니라

예(雄蕊)와 즈예(雌蕊)가 만하셔 합호지못호는거시라도 칠십오재그림에 꼿도수가 합
호지못호는거슨 악편(蕚片)은 다숫신되 판(瓣)은 넷밧찌업고웅예(雄蕊)는 만호되 즈
예(雌蕊)는 호나히나 둘이나 셋밧찌업는거시오 칠십륙재그림을보면칠십오재그림에
꼿츨 각각 눈화 노흔거시니 됴즈엣거슨 판(瓣)이오 시옷즈엣거슨 악편(蕚片)이라

158 긔양각여화 Regular flower (機樣各如花)는 륙십오재그림과 륙십구재그림
과 칠십재그림을 보면 알지니 그 모양이 져막금굿흔거신되 악편(蕚片) 도 다흔 모양이오
판(瓣) 도 다흔모양되는거시니라

159 블샹여화 Irregular flower (機不相如花)라
칠십오재그림에 잇는 꼿슨 긔계수가 합호지못홀뿐아니라 서로굿지아니호니 긔
계 호나라이 그림을보니 악편(蕚片) 다숫즁에
호나흔 길게되엿스되 넷은 그러치 안코 쏘판
(瓣) 넷즁에 둘식 호모양이라 칠십칠재그림에
안즌방이라 호는 꼿슬 칠십팔재그림에 각각 셰

식물도셜 팔십일

긔불샹여화

긔불샹여화
77

78

여 노흔거슬 보면 삿갓에 잇는 것슨 악편(蕚片)이오 쏫에 잇는거슨 판(瓣)인딕 악편(蕚片)은 다 굿흔 모양이로되 판(瓣) 중에 흑 나흔 다른 것보다 좀 크게 되엿스니 수소화(數似花)라 홀 수 잇소 되 그 불샹여 (機不相如)훈거시라 흐리라

160 이우헤 대지에 공부훈거슨 다 긔계가 서로붓지아니 흥고 각각 잇는거시니 악(蕚)의 악편(蕚片)이 각각 잇고 화관(花冠)의 판(瓣)도 각각 잇고 웅예(雄蕊)와 즈예(雌蕊)도 각각 잇서져 자리 되로 공경에 셔 나눈거시로되 쏫 중에 혹 츅과 인뎡초 쏫 굿훈 거슨 쏫긔계가 서로 붓흔 거시니 흥 거시라

셋재 그림을 보면 악(蕚)의 악편(蕚片)이 다슷시 각각 잇는거시로되 계가 서로 붓흔거시니

둘재 그림을 보면 화관(花冠)의 판(瓣)이 다흔 데 쏫시 지붓흔 거시니 흑 츅 쏫시라 칠십구 재 그림에 잇는 쏫슨 혹 츅 쏫과 굿지 아니 흔거슨 악(蕚)이 아홉씩 붓고 판(瓣)은 홈씩 붓허 소

쏫긔계서로 붓흔것

본즉 악편(蕚片)과 판(瓣)이 본릭는 다 소소식 인줄 알지라 되 쏫슨 각각 된 거시라 그런고로 이 닷흘 혜여

식물도셜

161 이러케화관(花冠)이흔색븟흔거슨 합관 Monopetalous (合瓣)이라ᄒᆞᄂᆞ이는 ᄭᅩᆺ식지다븟흔흑쵹ᄭᅩᆺ시던지ᄭᅩᆺ혜는 븟지아니ᄒᆞᆫ칠십구재 그림에ᄭᅩᆺ시던지팔십재그림에감ᄌᆞᄭᅩᆺ과ᄀᆞᆺ처밋헤만븟흔거슨합판(合瓣)이라ᄒᆞᄂᆞ니라ᄯᅩ악(蕚)

80

도흠색븟흔거슨 합악편 Monosepelous (合蕚片)이라ᄒᆞᄂᆞ니 합판(合瓣)화관(花冠)과합악편(合蕚片)악(蕚)을두모양이라ᄒᆞ리니밋헷거슨통이라ᄒᆞ고우헷거슨사람의쓰는갓량이라ᄒᆞᄂᆞ니라

162 웅예 (雄蕊) 가흠색븟흔거슨 흔흔거시신디화사(花絲)만븟흔것도잇고 약(葯)만븟흔것도잇고이둘이다븟흔것도잇는지라호박과ᄀᆞᆺ흔거슨화사(花絲)와약(葯)이다흠색븟흔거시오희브라기ᄀᆞᆺ흔거슨화사(花絲)만흠색븟흔거시니라

163 ᄌᆞ예 (雌蕊) 가흠색븟흔거슨 흔흔거신디둘이나셋시나그우헤도여러ᄌᆞ예 (雌蕊) 가자릉새에흠색븟허셔합ᄌᆞ예 Compound Pistil (合雌蕊) 가되기쉬온거시오엇던ᄭᅩᆺ슨어ᄂᆞᄭᅩᆺ시던지ᄌᆞ예(雌蕊) 가ᄒᆞ나만이면합ᄌᆞ예(合雌蕊) 가ᄒᆞ나만이면합ᄌᆞ예여러ᄌᆞ예(雌蕊) 가흠색븟지아니ᄒᆞ고각각잇는거슨ᄒᆞ나식다단ᄌᆞ예(單雌蕊) 라ᄒᆞᄂᆞ

팔십삼

식물도셜   팔십소

니라쏘즈예(雌蕊)가흠씌붓흔중에여러가지잇스니즈방(子房)과화쥬(花柱)와쥬두(柱頭)셕지붓흔것도잇고즈방(子房)만붓흔것도잇고혹박주가리굿치쥬두(柱頭)만붓고화쥬(花柱)나쥬두(柱頭)는각각잇는거시니라팔십일재그림을보면화쥬(花柱)는각각잇고즈방(子房)은반만치붓흔거시오팔십이재그림은즈방(子房)은아조붓허흔나히되엿스되화쥬(花柱)와쥬두(柱頭)는각각잇는거시오팔십삼재그림을보면화쥬(花柱)와쥬두(柱頭)는셋이아각각잇도붓허흔나히되엿스나쥬두(柱頭)셕지다흠씌붓혓는뒤단거신지합흔거신지조셰히알거슨즈방(子房)과화쥬(花柱)을버히고안헤잇는방셋되는거슬보고합즈에(合雌蕊)가되는줄알지라쏘합즈예(合雌蕊)라도

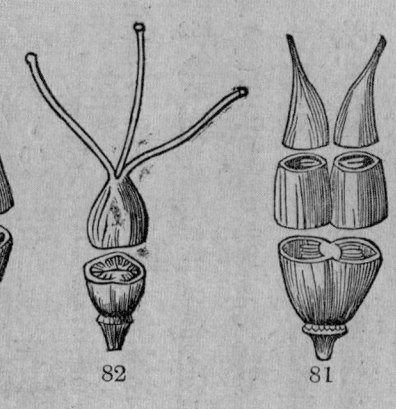

합즈예

81
82
83

식물도셜 칠십팔

양곷슐팔수밧씨엽는디ᄒᆞ나흔 웅화(雄花) 니웅예(雄蕊)만잇셔씨 지못흘거시오둘지는 조화 Pistillate flower (雌花)니 조예(雌蕊)만잇고웅예(雄蕊)는업 셔셔 조예(雌蕊) 가웅화(雄花)에셔나 눈 화분(花粉)을밧는씨눈씨될수업ᄂᆞ니라 ᄎᆞᆷ나 모와밤나모와삼과 강낭이가 다그러ᄒᆞᆫ지라 칠십이재그림은강낭이웅화(雄花)니 웅화(雄花)가그줄기끗헤셔픠고거긔 나는 화분(花粉) 이조화(雌花)수염굿흔 화쥬(花柱) 의쥬두(柱頭) 에ᄯᅥ러져셔강 낭이씨가되게흘거시라

同株) 라ᄒᆞᄂᆞ니 ᄎᆞᆷ나모와밤나모가그러ᄒᆞ니라
152 이강낭이곷촌두모양이라도ᄒᆞᆫ어미에셔나는고로 조웅도쥬 Monoecious (雌雄
153 ᄯᅩ이와굿치ᄒᆞ나모에셔나지아니ᄒᆞ고두나모가 ᄒᆞ나모에는웅화(雄花) 가
픠고ᄒᆞ나모에는조화(雌花) 가픠는거슬 조웅슈쥬 Dioecious (雌雄殊株) 라ᄒᆞᄂᆞ니

웅화 72
조화 73
강강이

악(萼)과 화관(花冠)과 웅예(雄蕊)와 즈예(雌蕊) 네가지가 다 잇스니 류십구재 그림을 보면 슌젼화이니라

149 죡화 Perfect flower (足花) 눈 웅예(雄蕊)와 즈예(雌蕊) 가 둘다 잇는거시니 슌젼화 는 족화인듸 족화중에 미젼화가 잇느니 칠십재 그림을 보면 웅예(雄蕊)와 즈예(雌蕊) 는 잇스나 족화이나 판(瓣)은 업스니 슌젼화라 못홀지니라

150 미젼화 Incomplete flower (未全花) 는 네가지 즁에 혼나히나 둘이나 셋시 지업는거 시니 여러가지 모양으로 온젼치 못호게 되는 거신듸 그즁에 판(瓣) 업는것도 잇스니 칠십 재 그림을 보면 판(瓣) 이 업는거시 오 화관(花冠) 과 악(萼) 둘다 업는 쏫도 잇서 버슨쏫시 라 호눈듸 칠십일재 그림이 그런 쏫시라 버슨쏫치 그러호니라

버슨쏫
71

151 미젼화즁에 웅예(雄蕊) 나 즈예(雌蕊) 가 업스면 분죡화 Imperfect flower (不足花) 라 호 느니 별단코 웅예(雄蕊) 와 즈예(雌蕊) 가 호 리 녈 단코 웅예(雄蕊) 와 즈예(雌蕊) 가 잇서야 씨될터인듸 만일 이두가지 즁에 가령 즈예만 잇스면 불가불 웅예 잇는 쏫시 잇셔야 될지라 그런즉 부족화를 픠는 초목은 두가지 모

식물도셜

그림을보면무슴숏에즈예(雌蕊)인딕쥬두(柱頭)는화쥬(花柱) 밋헤잇는셜셜흔거시 오화쥬(花柱)는아릭숫히츠츠커져즈방(子房)될거시라쏘즈예(雌蕊)는륙십오재그림에잇는비쥬 (胚珠)를보려고버힌거시니라이륙십팔재그림에즈예(雌蕊)를륙십오재그림에잇는 즈예(雌蕊)를현미경으로크게흔거시니라

147 쑤리와줄기와닙사귀가여러가지되는거슬 임의 말 호엿스니 숏도이와 ऌ치 여러 가지되는거슬말할지라숏긔게는악편(萼片)과판(瓣)과웅예(雄蕊)와즈예(雌蕊)인 딕이긔게 눈혹만히잇는것도잇고혹젹게잇는것도잇스며이긔게중에혹어느거슨업 눈숏도잇고혹각긔게가져동모졔리모양이굿흔것도잇고굿지아니흔것도잇 눈지라초목의 모양은굿지아니흔되죡 속마다 문든의 스가굿흐니라

148 이여러가지모양된거슬보니숏중 에 **순전화** Complete flower (純全花)는

순전화

69

미전화

70

칠십륙

며셜셜호기도호고 반반호기도호 모양이졔 일가에는 다굿호니 그런고로 화분(花粉) 알만 보아도 어느 꼿에 일가인지어느족속인지 알지라 (그림보오) 이화분(花粉)의 호 눈일은 조예(雄蕊)에 잇는 쥬두(柱頭)에 붓흔후에 화분(花粉)에셔 실굿호 거시 나셔 조예(雌蕊)속으로 느려 가비 쥬(胚珠) 짓지 드러가셔 비(胚) 나게 호 고 씨가 되게 호 는 거시니라

조예(雌蕊)를 다시 말호면 된 모양이 세가지니 조방(子房)과 화쥬(花柱)와 쥬두(柱頭)라 화쥬 (花柱) 가 혹 업는 거슨 다 만쥬두 (柱頭)에 줄기뿐이니 이 줄기는 업 슬지라도 씨는 될 수 잇는 연고니라 조방(子房)과 쥬두(柱頭)가 꼿의 요긴호 거시니 쥬두(柱頭)가 화분(花粉)을 밧는 것과 조방 (子房)은 씨될 비쥬(胚珠)가 잇는 거시라 륙십팔재

식물도설

143 쏘판(瓣) 된모양이두가지잇스니 판신(瓣身) Blade 과 판경(瓣莖) Claw 이라ᄒ
ᄂᆞᆫ거시니 판신은 닙 스귀엽신과ᄀᆞ치고 판경은 그 줄긴되 ᄭᅩᆺ중에이두가지가 온전ᄒᆞᆫ판(瓣)
도 잇고 혹 월게 ᄀᆞᆺ치 판경(瓣莖)이 아조 적은 것도 잇고 게ᄌᆞᆺᄀᆞᆺ치 판경(瓣莖)이월게보다
큰것도 잇고 대솔박ᄭᅩᆺ ᄀᆞᆺ치 판경(瓣莖)이 도로혀 판신(瓣身) 보다 긴것도 잇스되 ᄒᆞᆫ이되
ᄂᆞᆫ거슨 판신(瓣身) 만 잇고 판경(瓣莖)이 업ᄂᆞᆫ거시오

144 웅예(雄蕊) 된모양도 다시 말ᄒᆞ면 두가지 인되 화사(花絲) 와 약(藥) 이라 화사
(花絲)ᄂᆞᆫ 닙사귀의 줄기 ᄀᆞᆺᄒᆞᆫ거신되 웅예(雄蕊) 에별노요긴ᄒᆞᆫ것아니니 이 화사(花絲)
가 대단히 적은 것도 잇고 아조 업ᄂᆞᆫ 웅예(雄蕊)도잇ᄂᆞᆫ지라 약(藥) 은 웅예(雄蕊)에 아조
요긴ᄒᆞᆫ거시니 이에셔 화분(花粉)이 나ᄂᆞᆫ 석둑이니라

145 화분(花粉) 이라 ᄒᆞᄂᆞᆫ 거슨 약(藥) 이 터질ᄯᅢ에 거긔셔 ᄲᅮ리ᄂᆞᆫ 가루ᄀᆞᆺᄒᆞᆫ거시니
ᄉᆡᆨ두화 그림에 ᄯᅥᆨ두화ᄭᅩᆺ의 약(藥)에셔 난 화분(花粉) ᄒᆞᆫ말만 현미경으로
크게 ᄒᆞᆫ거슬 볼지니 이거슨 소면에 가시ᄀᆞᆺᄒᆞᆫ거시로되 이 밧ᄭᅴ 반반ᄒᆞᆫ것도
잇스며 ᄯᅩ 아조 적은 알도 잇ᄂᆞ니 이러케 여러가지로 크기도 ᄒᆞ고 적기도 ᄒᆞ

화분알 67
ᄉᆡᆨ두화

칠십ᄉᆞ

샷론인디 모양이 여러 가지 잇는 거시라

141 륙십오재그림을 보면 샷에 잇는 긔계 가 다 똑ㅅ호고 각각 분간호기 쉬온거시오 륙십륙재 그림을 보면 각 긔계를 둘 식 화경 (花梗) 샷헤셔ㅆ 노흔거시 로되 각각 졔 잇던 자리 디로 노흔 거시 니 아리 잇는 거슨 악 (萼) 닙악편 (萼片) 이란 거시 오 그 우헤 잇는 거슨 화관 (花冠) 닙판 (瓣) 이란 거시 오 그 안헤 잇는 거슨 웅예 (雄蕊) 요 그 다음 거슨 즛예니 (雌蕊) 니 화경에 뭇는 공경 (公莖) 이라 이 샷슨 온전호고 긔계 가져 막금굿흔 거시니 다른 샷츨 공부 홀떼에 도이 샷에 다 비호야 볼지니라

142 화관 (花冠) 과악 (萼) 을 합호야 말호면 화개 Perianth (花蓋) 라호느니 만일 화관 (花冠) 과악 (萼) 을 처음볼때에 조셰히 분간홀수 업는 샷치 잇거든 화개 (花蓋) 라 홀지니라

식물도설

64   63   62
취산화

양굿치화경(花梗)이나셔그옷헤셔옷봉훈나히고화경(花梗)에셔다시화경(花梗)이나셔그옷헤셔또옷봉훈나히나눈거시니륙십이와륙십삼과륙십스재그림을보면취산화(聚繖花)에문득신의스룰조셰히알지니이륙십스재그림에취산화(聚繖花)와오십륙재그림에잇눈산형화(纖形花)와모양이비슷호되분간되눈거슨산형화(纖形花)는밧씌셔브터드려퓌고취산화(聚繖花)는가온대셔몬져퓌고나죵퓌는니라칠십스재그림을보면불두화옷치여러번합훈취산화(聚繖花)룰볼지니라

140 이아릭공부홀거슨옷모양과멧가지되눈거슬공부홀터인딕데일장데일지에옷긔계룰대강말ᄒ엿스나지금다시말ᄒ노라

칠십이

오십구재 그림을 볼거시니라
136 곳송아리 산형화(繖形花)에 포(苞) 만흔거슨 총포(總苞) 라ᄒᆞ느니 오십륙재 그림을 볼거시오

합ᄒᆞᆫ산형화

137 이송아리가 다 합ᄒᆞᆫ것될수잇스니 이 듯슨 총상화(總狀花) 가 합ᄒᆞ여다시 총상화(總狀花) 될수 잇슴이니 이 여러가지 가다 그러ᄒᆞ되 류십재 그림을 보면 합ᄒᆞᆫ 산형화(繖形花) 이니라

138 복총화 Panicle (複總花) 란거슨 총상화(總狀花) 와 조곰굿ᄒᆞ되 이거슨 총상화(總狀花) 밋헤 잇는 소화경(小花梗) 이 나는거시니 륙십일재 그림을 볼거시오 또 합ᄒᆞᆫ 복총화(複總花) 가 되는것도 잇ᄂᆞ니 포도가 그러ᄒᆞ니라

139 취산화 Cyme (聚繖花) 라ᄒᆞᆫ

복총화

식물도셜

곳송아리 눈 원화경(花梗) 곳헤 곳봉ᄒᆞᆫ 나 히 나 고 ᄯᅩ 그 줄기마ᄌᆞᆺ막 닙사귀 짬에셔 가지모 곳송아리 눈

칠십일

식물도설　　　　　　　　　　　　　　　　　칠십

132 오십삼재 그림을보면 슈샹화(穗狀花) 되 눈거슬 조셰히 알지니라 그런즉 두샹화(頭狀花)에 화경(花梗)이 길허지면 슈샹화(穗狀花)가 될거시오 쏘 총샹화(總狀花)에 소화경(小花梗)을 업시호면 슈샹화(穗狀花)가 될거시니라

유이화
58

133 이슈샹화(穗狀花) 즁에 이샹훈것 두가지 잇스니 유이화 Catkin(葇荑花)와 육슈화(肉穗花) 인디 유이화(葇荑花) 가 굿게 된거시오 오십팔재 그림 굿훈거시니 포(苞) 눈 버드나모의 꽃림을 볼거시라

육슈화와화비라
59

134 육슈화(肉穗花) 란거슨 렬남싱이 굿훈거신디 그길허진 화경(花梗)이 살지고 혹은 밋헤만 꽃피는 거시라

135 그 덥는 거슨 닙사귀 도 아니오 포(苞) 도 아니오 화비 Spathe (花篦) 라 ᄒᆞ는 거시니

리잇는 꼿봉과 굿ᄒᆞ니 가헤 잇는 거시 가온대잇는 것보다 몬져 나는 고로 몬져 펼거시라 이거슬 보니 이런 꼿 송아리와 취산화 (聚繖花) 와 조셰히 분간홀지니라

130 오십칠재 그림에 잇는 두샹화 (頭狀花) 란 거슨 화경 (花梗) 도 젹어지고 소화경 (小花梗) 도 별노 업스니 사름의 머리와 굿치 둥군 모양이 된거시라 산형화 (繖形花) 를 소화경 (小花梗) 업게 ᄒᆞ면 두샹화 (頭狀花) 가 될거시오 두샹화 (頭狀花) 의 꼿봉마다 소화경 (小花梗) 을 잇게 ᄒᆞ면 산형화 (繖形花) 가 될거시라

131 오십팔재 그림에 슈샹화 Spike (穗狀花) 란 거슨 화경 (花梗) 은 길고 소화경 (小花梗) 은 엽시 꼿봉 나는 거시니

식물도설

복총화(複總花)라 이중에 두상화(頭狀花)와 슈상화(穗狀花)밧긔는 소화경(小花梗)이 잇는거시 오 두상화(頭狀花)와 슈상화(穗狀花)는 소화경(小花梗)이 업셔 안젓다고 흔거시니라

127 오십소재그림에잇는 총상화 Raceme 란거슨 꼿봉마다 소화경(小花梗)이 잇고 화경(花梗)겻헤셔 나느니이 총상화(總狀花)는 아리브터우헤 꼿시시 꼿피는거신디 밋 헤치는 몬져나 스매 몬져피는거시라

128 오십오재그림에잇는 산방화 Corymb(繖房花)는 총상화(總狀花)와 굿지아니흔거슨 밋헤셔난 소화경(小花梗)이 길어져 셔 화경(花梗)과 굿치 되여 일줄 가 되는거시오

129 쏘 산방화(繖房花)에 화경(花梗)이 적어 져져 주셰히 뵈이 을본즉 산형화(繖形花) 인디 소화경(小花梗)이 다 거위 흔데셔 나셔 우산모양이 되는거시라 산방화(繖房花)와 산형화(繖形花)에 가 헤잇는 꼿봉이 총상화(總狀花)아

총상화
54

수상화
53

륙십팔

라오십이재 그림은송아리된꼿치나오십일재그림과비ᄒᆞ야분간되는거슨닙사귀가적어져서잘뵈이지아니ᄒᆞ는거이두그림을보면꼿촌다닙사귀쌈에셔난거시오

쏘후에공부ᄒᆞᆯ꼿송아리중에취산화(聚繖花) 밧쎄는다닙사귀쌈에셔나는거시니라

124 꼿송아리에잇는적은닙사귀는 **포** Bract (苞) 라ᄒᆞ는거시니오십이재그림에눈닙사귀가아조적어진거시로되이아릭오십삼재그림브터오십륙재그림ᄭᅡ지보면닙사귀모양이조곰잇서그쌈에셔꼿봉이난거시니라

125 혼ᄌ피는꼿치나꼿송아리에잇는줄기는 **화경**(花梗) 이라ᄒᆞ고꼿봉에각각잇는줄기는 **소화경**(小花梗) 이라ᄒᆞ느니오십이재그림을보면이두가지를ᄌᆞ셰히알지니라

126 꼿송아리중에화경(花梗) 것헤셔포(苞) 쌈에셔나는거시여숫가지잇스니총상화(總狀花) 와산방화(繖房花) 와산형화(繖形花) 와두상화(頭狀花) 와슈상화(穗狀花) 와

식물도셜

뎨삼대지 닙론인티 줄기에셔나는거시라

121 닙이줄기에셔엇더케나는거슬말홀지니 닙눈도닙사귀나는눈과굿치닙사귀 재그림을보면겻헤쌈눈에셔나는닙치라

122 이두그림즁에오십재그림도닙눈 에셔닙흔나만나고오십일재그림도쌈 눈에셔닙흔나식만나눈거시니이러케 흔나식닙헤셔나눈닙치나겻헤셔흔나 식나눈닙출 혼즈피눈닙 치라홀 수잇고

123 닙봉이만하쎅쎅호고젹어진닙히 쯔로잇눈거슨 닙송아리라ᄒ눈지

혼즈피눈닙
51
50

륙십륙

고초목을다두가지로논홀수잇스니숏잇논거슨현화식물부(顯花植物部)라ᄒᆞ고숏엽
논거슨은화식물부(隱花植物部)라ᄒᆞᄂᆞ니라

118 숏엽논은화식물부 Cryptogam (隱花植物部)라ᄒᆞ논거슨웅예(雄蕊)와즈
예(雌蕊)잇논숏치퓌지안코비(胚)잇논씨도열니지안코씨딕신죠고마ᄒᆞᆫ포즈 Spore
(胞子)가나셔다시왕셩ᄒᆞ시ᄂᆞ니라

119 숏잇논현화식물부 Phaenogam (顯花植物部)논숏과씨가나논거시니그씨
속에비(胚)가되여기지게ᄒᆞ논모양으로새풀될거슬임의데일쟝대지에말ᄒᆞᆼ엿느니
라

120 숏엽논초목의포즈(胞子)라ᄒᆞ논거슨너무젹으미현마경업시는것셰히볼수업고
쏘심히어려온고로식물공부을다필ᄒᆞᆼ지못ᄒᆞᆫ사름은능히ᄒᆞᆯ수업스니흔이숏잇논초
목만이칙에공부ᄒᆞᆯ거시오지금은다시나논긔계를궁구ᄒᆞᆯ터이니몬져ᄒᆞᆯ거슨숏공부
요그후에열미와씨라

ᄒᆞ는거슨웃편에셔눈이나와셔왕셩케ᄒᆞ는거시니라

뎨일대지에요지라

초목이자ᄅᆞ셔크기만홀뿐아니라왕셩ᄒᆞ기도ᄒᆞ거신디두가지니 초목이다ᄡᅵ로왕셩ᄒᆞᆫ으로 왕셩ᄒᆞ는것도잇는거시 오복지를억지로되게ᄒᆞ여왕셩케ᄒᆞ는것과 젼ᄒᆞ여왕셩케ᄒᆞ는거시니 억지로ᄒᆞ는섯ᄃᆞᆯ 이무엇시오

눈으로졀노왕셩ᄒᆞ는거슨복지와셤복지와홈지와피졍과린졍이니라

뎨이대지 ᄡᅵ로왕셩ᄒᆞ는거시라

116 눈으로왕셩케ᄒᆞ는거슨어미초목을여러번눈호는거시오새로나게ᄒᆞ는거시아 니니새로나게ᄒᆞ는거슨ᄡᅵ밧쎄업ᄂᆞᆫᄃᆡ그런고로ᄡᅵ와ᄡᅵ를내는열미와열미를내는ᄭᅩᆺ 츨새로나게ᄒᆞ는ᄭᅩᆺ긔계라ᄒᆞᄂᆞ니라

117 초목이다ᄡᅵ와ᄡᅵ듸신잇는거스로나니참ᄭᅩᆺ마ᄎᆞᆷᄡᅵ와ᄭᅩᆺ과ᄡᅵ를듸신ᄒᆞ는거슬보

면잘될수잇고
113　굿은살잇는나모둘이러케ᄒ기어려오면접ᄒ여홀수잇ᄂ니이접ᄒᄂ는법은줄기
던지가지를버혀셔졔동류에다접ᄒᄂ는딕빅나모둘능금나모에접ᄒᄂ자르셔능금나
모에셔나되빅나모인고로빅나가열닐거시오이접ᄒᄂ는나모둘피접목(被接木)이라ᄒ눈
딕접ᄒ홀ᄯ대에조심홀거슨피접목(被接木)에굿은살과속섭질과원나모에굿은살과속섭
질과쏙바로합ᄒ여야잘자를수잇ᄂ니라쏘나모에눈을다른나모섭질속에너ᄒ면후
희봄에ᄂ그눈에셔서가지가날거시라
114　이굿치여러가지역지로왕셩케ᄒᄂ는샥두은아모리됴흔실과나모라도씨를심어
셔눈그젼나모의열믹와굿치됴흔실과가되지못ᄒ되가지로접ᄒ면그젼나모의열믹
와굿치됴흔실과가열닐수잇는연고니이굿치왕셩케ᄒᄂ는법은식목ᄒᄂ는사름의게
일요긴흔거시라
115　삼십ᄉ재그림을보니여러가지로이러케졀노왕셩홀수잇고삼십일재그림을보
니여러가지풀이괴경(塊莖)의눈으로왕셩ᄒ고삼십삼재그림을보니린경(鱗莖)이라

식물도설

뎨이쟝 초목이 셩ᄒᆞᄂᆞ거시라

뎨일대지 눈으로셩ᄒᆞᄂᆞ거시라

합엽이두가지인ᄃᆡ우상엽과쟝상엽이오 여러번합ᄒᆞᄂᆞ거시오 ᄯᅩᆫᆫ사귀즁에엽신과엽병이별노분간업ᄂᆞ거시오 탁엽론이며닙사귀가줄기에셔나ᄂᆞ두가지법이라

111 초목이자르셔크기만홀쑨아니라왕셩ᄒᆞᄂᆞ거슨두가지잇ᄂᆞᄃᆡ눈으로셩ᄒᆞᄂᆞ것 과씨로셩ᄒᆞᄂᆞ거시라초목이다씨와씨ᄃᆡ신잇ᄂᆞ거스로왕셩홀터이오ᄯᅩ초목즁에눈 으로왕셩ᄒᆞᄂᆞ것도잇ᄂᆞᄃᆡ이러케흔이ᄒᆞᄂᆞ거슨여러히사ᄂᆞ풀에만ᄒᆞ니그런고로식 곡즁ᄂᆞᆫ사ᄅᆞᆷ이억지로왕셩케못ᄒᆞᄂᆞ것별노업ᄂᆞ지라

112 그런즉식목ᄒᆞᄂᆞ사ᄅᆞᆷ이억지로왕셩케ᄒᆞ랴고나모가지를갈자리내여취여따헤 뭇으면속히왕셩홀수잇스니이러케흔후에그가지를ᄯᅩ로버히면억지로복지(匐枝)를 나게ᄒᆞᄂᆞ거시라도버드나모와ᄌᆡ ᆺ치ᄲᅮ리가잘나ᄂᆞ초목은믄져라도가지를버혀뭇으

륙십이

뎨스대지에요지라

초목의모양은각각굿지아니ᄒᆞ되자라는의수는알기쉬온거시오쑤리즁에멧가지모양이오

첫재쑤리와둘재쑤리와풍긔물과다른나모긔운을먹고사는풀을말홈이오

쑤리즁에실곳흔것과살진거시오

줄기즁에풀과잔사리와나모의모양이엿더흔거시오

줄기즁에이샹흔거슨가시와화경과손이오

써혜붓는줄기인디복지와셤복지와흡지와다하경이오

또린경과피경이오

줄기속이엇더케된거신지말ᄒᆞᆷ인디간십파굿은살이오

초목의줄기자룬눈것보고눈호눈거시오

너장경줄기눈엇더케자룬며외장경줄기눈엇더케자룸이오

닙사귀론에긔계는엽신과엽병과락엽이란거시오

닙소귀즁에두가지인디단엽과합엽이오

쏘피귀에ᄯᅢ끌이엇더케된거시며그의잇는간십과굿은살과셥질과갈비디와피줄이오

평힝믹엽과망믹엽이오

식물도셜 뉵십일

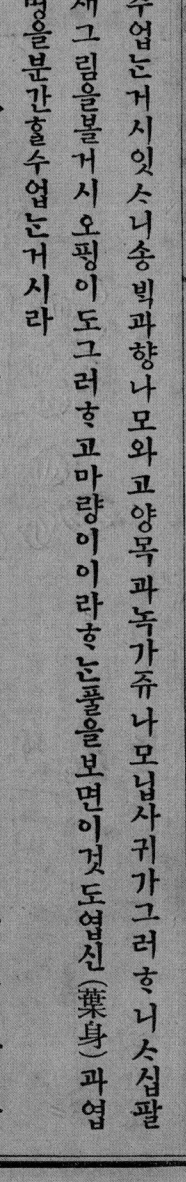

수업는거시잇스니 송빅과 향나모와 고양목과 녹가쥬나모 닙사귀가 그러ᄒᆞ니 수십팔재 그림을 볼거시오 핑이 도 그러ᄒᆞ고 마량이라 ᄒᆞ는 풀을 보면 이것도 엽신(葉身)과 엽병을 분간ᄒᆞᆯ수 업는거시라

109 **탁엽** Stipules (托葉) 은 님의 말ᄒᆞ엿거니와 이는 닙사귀아 릿조고마ᄒᆞᆫ 닙사귀 모양잇는거신듸 혹은 수십구재 그림과 굿치 탁엽(托葉)이 엽병(葉柄)에 붓흔것도 잇고 줄기와 붓흔것도 잇고 ᄯᅩ 닙사귀 즁에 일즉 ᄯᅥ러지는 것도 잇고 탁엽(托葉)이 업는것 도 잇ᄂᆞ니라

110 닙사귀가 줄기에셔 나는 거슨 발셔 말ᄒᆞ엿는듸 마조듸ᄒᆞ야 나는것도 잇고 셔로어그러지게 나는것도 잇스니 륙재 그림과 이십칠재그림을 보면 알지니라

106 쏘우샹엽(羽狀葉)이라 도조각닙이 져게 날수 잇스니 콩닙사귀 굿흔거슨 셋밧씌나 눈거슨 셋브터 닐곱싯지 만나는 거시오

네번합훈쟝샹엽

47

107 쏘우샹엽(羽狀葉)이나 쟝샹엽(掌狀葉)이나 여러번 합흔는 거시 될수 잇는디 스십 류재 그림은 두번합 흔우샹협 (羽狀葉) 이오 스십 칠재 그림은 네번합 흔쟝샹엽 (掌狀葉) 이니 닙사귀 조각 수는 팔십일 이 될지니라

108 닙사귀 즁에 혹엽신 (葉身) 과 엽병 (葉柄) 을 분간 홀

오십구

식물도설

씩에 도원닙사귀흔나만써러짐이니라

103 도합엽가온대 두가지잇스니 우샹엽(羽狀葉)과 쟝샹엽(掌狀葉)이라우샹엽(羽狀葉)이란뜻손시즘싱의털나는것과 굿치닙사귀조각아좌우녑헤셔난다는뜻시니 스십이재그림을다시볼거시오

쟝샹엽

104 쟝샹엽(掌狀葉)이란뜻손사람의손나는것과 굿치조각닙사귀가닙사귀엽병맛혜셔 난다는뜻시니 스십오재그림을보면듯셰히알지니라

105 우샹엽(羽狀葉)은조각닙이줄기것혜셔나는고로만히날수잇스되 쟝샹엽(掌狀葉)은조각닙히엽병맛헤셔나는고로만히날수업셔 흔이되

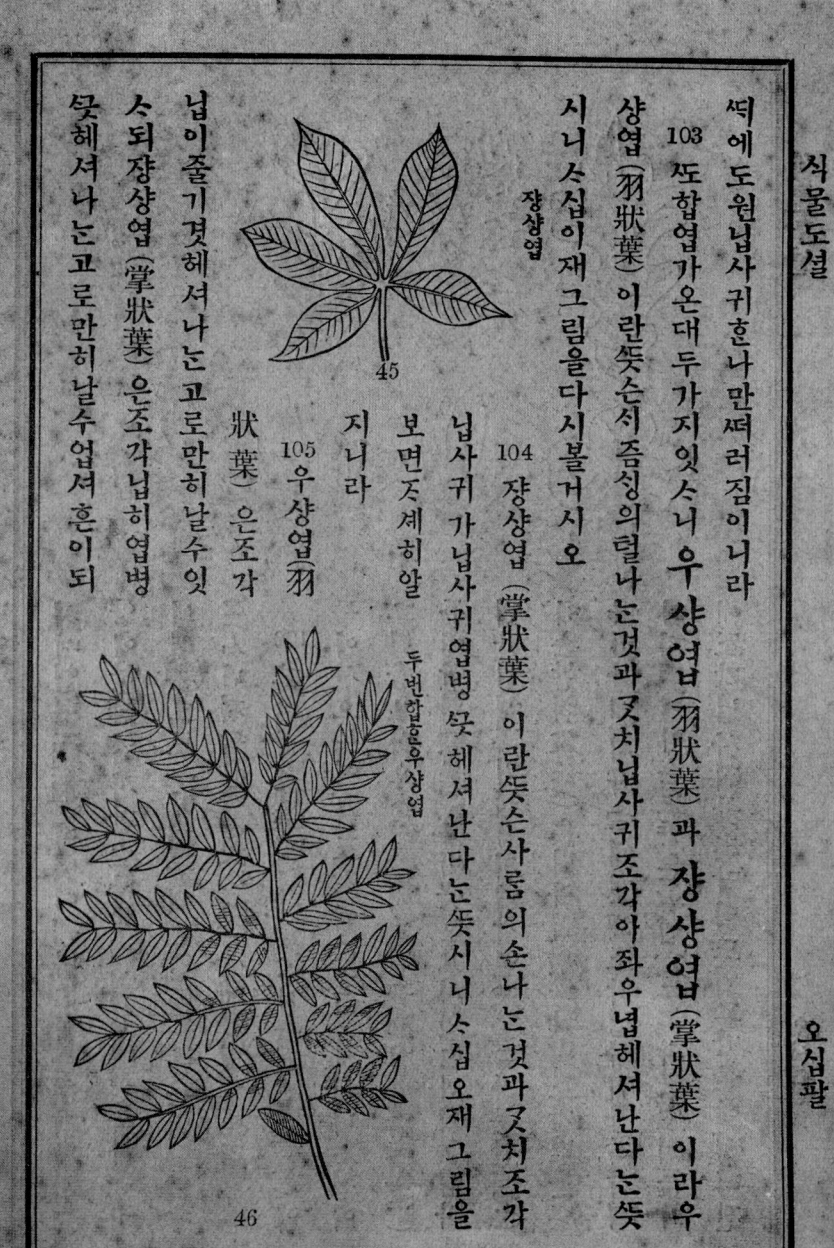

45

두번합용우샹엽

46

오십팔

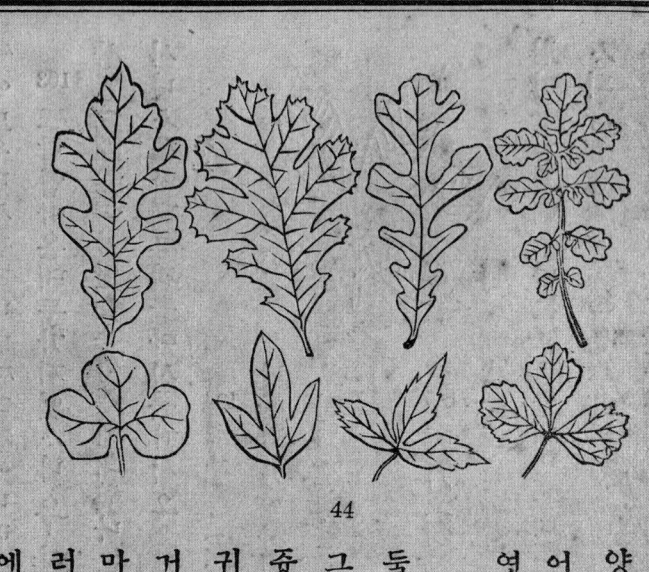

44

시며엽병(葉柄) 이엇더케나는거슨여러가지모양이한량엽시만흐나조셰히일홈흐야말흐기어려온고로두가지중에단엽(單葉)은임의말흐엿스니지금은합엽(合葉)을대강말흐노라

102 **합엽**(合葉) 이라흐는거슨엽신(葉身)이둘이샹으로여러조각에는호인거시니소십이그림을보시오소십스재그림을보면단엽(單葉)중에합엽(合葉)과비슷흔거시잇는디이는닙사귀가깁히쪽이진거시니합엽(合葉)과분간되는거슨합엽(合葉)은닙사귀원줄기에조각닙붓흔마디가잇서가울에엿헤조각닙사귀가각각떠러지되이거슨모양은합엽(合葉)과굿호되줄기에조각닙사귀붓흔마디도엽고가을에떠러질

식물도셜   오십칠

식물도설　　　　　　　　　　　　　　　　오십륙

십삼재그림은평힝믹엽이요소십일재그림은목과납사귀인디망믹엽이라ᄒᆞᄂᆞ니라

98 망믹엽은민양쌍ᄌᆞ엽(雙子葉) 초목과외장경식물에셔나고평힝믹엽(平行脉葉)은민양단ᄌᆞ엽(單子葉) 초목과닉장경식물에셔나ᄂᆞᆫ디 납사귀만보아도어ᄂᆞ거세셔나고줄기가엇덜넌지알지니라

99 ᄯᅩ평힝믹엽(平行脉葉) 즁에두가지잇ᄂᆞᆫ디 혹피줄이갈비디겻헤셔나셔납사귀가헤석지비숫ᄒᆞ게되ᄂᆞᆫ것이잇서 도흔ᄒᆞᆫ거 손피줄이갈비디밋헤셔나셔휘움ᄒᆞ여ᄆᆞᆺᄎᆞ지비숫ᄒᆞ게되ᄂᆞᆫ거시오 43지그림을보면평힝믹엽즁에두가지ᄅᆞᆯ볼수잇

100 ᄯᅩ망믹엽(綱脉葉) 도두가지잇ᄉᆞ니 ᄒᆞᆫ우샹믹 Feather-veined (羽狀脉) 이니이ᄂᆞᆫ가온대갈비디ᄒᆞᆫ나밧씌업ᄂᆞᆫ것신디그피줄이갈비디겻헤나ᄂᆞᆫ거시오 ᄯᅩᄒᆞᆫ나ᄂᆞᆫ장샹믹 Palmately-veined (掌狀脉) 이니이ᄂᆞᆫ갈비디셋브터아홉석지잇ᄂᆞᆫ거신디그피줄은갈비디밋헤셔갈나진거시니 27지그림을보시오

101 이밧씌닙사귀가좁고넙으며길고닭으며아리웃모양이나납사귀가히엿더ᄒᆞᆫ거

95 쏘례골즁에큰거슨 갈비디 Rib 라ᄒᆞᄂᆞᆫ대빅나 모나 츰나 모닙사귀를보니큰갈비디ᄒᆞ나 만인대 이거시닙사귀 한가온대 잇ᄉᆞ니 가온대 갈비디 Midrib 라ᄒᆞ고 도 단풍나모나 혹 그와굿ᄒᆞ나 모닙사귀는 갈비디 셋 시나 다ᄉᆞᆺ 시나 닐곱 이나 잇ᄂᆞᆫ디

96 갈비디 사이에 적은 줄은 피즐 Veins 이라 ᄒᆞᄂᆞᆫ지디

97 이 피즐을 보고 눈호면 두 가지 잇ᄉᆞ니 첫재는 피즐이 갈비디와 비슷ᄒᆞ게 맞지지 되ᄂᆞᆫ거시니 그 즁에 혹은 분명히 비슷ᄒᆞ게 된것도 잇고 혹은 거위 비슷ᄒᆞ랴ᄒᆞᄂᆞᆫ 것도 잇ᄉᆞ며 둘재는 피즐이 갈비디 곁헤셔 ᄎᆞᄎᆞ 가ᄂᆞᆫ 줄이 만하져셔 나즁에는 그물모양이 되ᄂᆞ니 그런고로 첫재거슨 평형믹엽 Netted-veined (平行脉葉) 이라 ᄒᆞ고 둘재거슨 망 믹엽 Parallel-veined (綱脉葉) 이라 ᄒᆞᄂᆞ니라 ᄉᆞ

평형믹엽

43

오십오

면목과나 모닙사귀인틱 첫재거손엽신(葉身)이오둘

직거 손엽병(葉柄)이요 셋재거손탁엽(托葉)이라닙

사귀중에 혹엽병(葉柄)엽는것도 잇고 혹탁엽(托葉)

엽는것도 잇는틱 엽신(葉身)은 닙마다 잇스며

93 또초목닙사귀중에 **단엽** Simple (單葉)과 **합**

엽 Compound (合葉)이 잇는틱 단엽이라 ᄒᆞ는거슨 닙

사귀훈조각만 되는거시니 스십일재 그림을보면목

과닙사귀가 그러ᄒᆞ고 합엽이라 ᄒᆞ는거슨 여러조각

되는거신틱 스십이재 그림을보면 합엽을 조셰히 알

지니라

94 닙사귀도 줄기와 ᄀᆞ치 두가지로 되엿스니 간심

(幹心)과 굿은살인틱 굿은살은 닙사귀 가온대에 톄골(體骨)ᄀᆞ치되여 그닙사귀를더

든ᄒᆞ게ᄒᆞ는거시오 간심(幹心)은 톄골사이에잇는살아오 ᄯᅩ 닙사귀에 겁질이잇스며

합엽

42

89 그 속살은쉬히죽을터이니그굿은살중에새로 난것만 살거시니라 또껍질속도히 마다새로되니이두가지새로나는굿은살과껍질에셔새로나는것밧씩눈온나 모를살 게호고자르게호는것엽는니

90 이밧그로자르는줄기외쟝경식물(外長莖植物)과굿지아니호고가지가잘나느니라

닙사귀론이라

단엽

41

91 닙사귀 모양이무수호거신듸닙사귀만보와도씻일가중에분간홀수잇스니닙사귀모양이여러가지되는거슬눈호고일홈지여 둔거시잇스나 그러나 이척에는흔흔 것만말호노라

92 지금몬져공부홀거슨닙사귀긔계인듸이긔가다잇셔온전훈닙사귀에는 엽신 Blade (葉身)과 탁엽 Footstalk (托葉) 과 엽병 Stipule (葉柄) 이라호는거시잇스니 소십일재그림을보

식물도설 　 오섭이

그런고로굿은살속에잇는고기양이가곳간심(幹心)이오가혜잇는섭질도처음새로날
째에눈간심(幹心)이니그런즉외쟝경식물(外長莖植物)줄기를넓게버혀보면그밧쎄
간심(幹心)섭질도잇고그안혜굿은살얼마만춤잇고그가온대간심(幹心)이란고기양
이가잇느니라삼십구재그림을보면현미경으로크게야넓게버힌거슬볼수잇는삼줄기를볼
수잇고 소십재그림을보면단풍나모혼히되가지를길고넓게버힌거슬볼수잇스며

88 또외쟝경식물(外長莖植物)줄기늘거슬보면늬쟝경식물(內長莖植物)과더
분간되는지라둘재히에눈굿은살과그섭질사이에굿은살이또얼
마만치날거시오또셋재히에도둘재히에난굿은살밧쎄또얼마만
처싱기고 초추히마다이러케그히에난굿은살밧쎄또살이나느
라이외쟝경식물(外長莖植物)이더커지는거슨처음싱긴굿은살을
졈졈두섭게여러번가리움이라이러케자르는고로외쟝경식물(外
長莖植物)줄기라일홈흥엿스니가흐로자르는듯시니라또이러케
자르여처음싱긴굿은살은늙어셔속살이되고재로싱긴굿은살은
섭질다음살이되느니라

외쟝경줄기
40　　39

합쏫줄기는쏫픠기젼에눈가지가잘나지아니ᄒ나쏫픤후에가지가좀나는거시라삼십팔재그림을보니밤나모라ᄒ는거슨가지업시혼줄기로만길게올나간후에그쏫눈에셔만닙사귀가난거시니라

87 외쟝경식물(外長莖植物) 줄기는나모에만흔거시니플즁에도닉쟝경식물(內長莖植物) 노된줄기가잇스되외쟝경식물(外長莖植物) 노된거시만흐니라쳐음날ᄯᅢ라도이외쟝경식물(外長莖植物) 을분간ᄒ기쉬온거슨그굿은살이다흠씩잇서든든ᄒ게되는거시니이든든ᄒ거시크나적으나속에잇는나모고기양이를둘녀잇는거시라

밤이란너쟝경줄기

식물도셜

38

오십일

莖植物) 줄기는풀즁에강닁이나빅합꼿시나쏘나모즁에닉쟝경식물(內長莖植物)노된거시대한에눈업소되열티디방에는이러케된큰나모가잇느니라이두가지룰줄기가처음날쎄라도仌셰히분간흘수잇느니라

85 닉쟝경식물 Endogens (內長莖植物) 이라ᄒᆞᆫ눈仌손속에셔자르눈덧시니삼십륙재그림을보면강닁이줄기룰넙헤눈길게배히고우헤눈넙게배힌거시라이그림을보고알거슨굿은살이실과굿치각각그줄기몸이다간심(幹心)과흠ᄭᅴ셕겨자르눈거신ᄃᆡ넙게버힌거술보면굿은살이실과굿수잇고길게버힌거술보면조고마ᄒᆞᆫ뎜을볼

니쟝경줄기
36
37

치긴거슬볼지니라쏘삼십칠재그림을보면미국말노밥나무라ᄒᆞ눈거슬볼지니나무가여러ᄌᆞ르실ᄒᆞᆫ굿은살이더만하져셔썩썩ᄒᆞ게된거시라쏘줄기가더크눈거슨굿은살이힝마다그몸에만하져셔속에셔자르눈연고니라

86 이닉쟝경식물 (內長莖植物) 줄기는가지가잘나지아니ᄒᆞ눈거신ᄃᆡ강닁이와빅

80 엄의 말ᄒᆞᆫ괴경(塊莖)은디하경(地下莖)닛히만살진거시오

81 또 엄의 말ᄒᆞᆫ린경(鱗莖)은 ᄯᅡ 속에셔 길혀지지아니ᄒᆞ고 편편ᄒᆞ게만 된 줄기인디아리편에셔 ᄲᅮ리나고 우편에셔 닙사귀 ᄯᅩᆺ치 살게되ᄂᆞ니 삼십삼재 그림을 볼지니라

82 이 린경(鱗莖) 즁에 두가지 잇는디 빅합ᄯᅩᆺ과 ᄯᅩᆺ치 닙사귀혜 살진거시 즙은것도 잇고 핑이 ᄀᆞᆺ치 닙사귀살진거시 넓은것도 잇ᄂᆞ니라

83 무론무슴초목이던지 다두가지로 되엿스니 간심 Cellular tissue 과 굿은살 Wood 이라 간심(幹心)이라 ᄒᆞ는거슨 부드러온것과 살진것과 기양이 오 굿은살이라 ᄒᆞ는거슨 굿은것과 실굿ᄒᆞᆫ거시라 풀의 줄기는 굿은살아젹고 간심(幹心)이만흔거시오 잔사리나 나모는 굿은살아만코 간심(幹心)은젹은지라 초목줄기를 다 간심(幹心)과 굿은살이 엇더케자라는거슬보고 두지파로 는호울수잇스니 쟝경식물 Endogens (內長莖植物)과 외쟝경식물 Exogens (外長莖植物) 이라

84 외쟝경식물 Exogens (外長莖植物) 줄기는 풀즁에 콩이나 삼아나 희브라가 굿ᄒᆞᆫ거시오 ᄯᅩ 나모즁에 츰나무나 호도나무나 그와굿ᄒᆞᆫ 다른나모요 니쟝경식물 (內長

식물도셜 소십구

식물도셜

가을이 되면 그 셤복지가 죽어셔 어미풀과 새풀이 서로 샹관업시 되느니 자률 쌔에 추 듸듸로 새풀이 어미되고 그 다음 새풀이 다시 어미되여 여러 뿌리를 내느니 미국 닙쓸기

가 그러ᄒ니라

78 삼십스재 그림을 다시 보면 **흡지** Sucker 吸枝 라

ᄒ는 거시 잇스니 이는 가지가 싸 속에셔 어미 줄기에셔 나셔 싸 속으로 버더 다가 싸 우헤 올나 와 새풀이 나는 거시라 대한 나모 쓸기와 윌게 가 그러ᄒ되 싸 홀과 보면 쑤리와 굿ᄒ되 흙을 싯고 곳 셰히 보면가지 가 분명ᄒ니라

79 **디하경** 地下莖이라 ᄒ는 거슨 닙의 살진 거슬 말ᄒ엿스나 지금은 살 업는 거 슬 말ᄒ노니 삼십오재 그림 을 볼거시 오이 디하경 地下莖은 뿌리라 ᄒ 을 수 업스니 이 에는 닙사귀 모양도 잇고 닙사귀 짬에 눈도 잇슴이니 쑤리 에는 닙사귀와 눈이 잇슬 수 업는지라

75 쏘쏫줄기 화경 Peduncle (花梗)이라ᄒᆞ는것도가지라홀수잇스니ᄒᆞ상쏫눈에셔 나쌈눈에셔나나눈션되이라무어시던지닙사귀쌈에셔나눈거 슨다본린가지니라

복지 76 가지즁에엇던거슨싸헤맛쳐셔새풀되게ᄒᆞ는거시잇스니

흡지 복지 Stolon (匐枝)라ᄒᆞ는거신되가지가싸헤ᄂᆞ려셔쑤리를 싸헤박고다시새풀나베ᄒᆞ는거시니이러케스스로되는것도잇 스려니와식콕ᄒᆞ눈사람이급히왕셩케ᄒᆞ려면사람의손으로싸 헤뭇어셔되게홀수잇ᄂᆞ니삼십ᄉᆞ재그림을보면복지(匐枝)란 거슬볼수잇ᄂᆞ니라

34

지 匐枝 와조곰굿ᄒᆞ되닙사귀업고롱아리굿ᄒᆞᆫ거신되싸 ᄒᆞ로 77 쏘 셤복지 Runner 纖匐枝란거슬볼수잇스니이눈복 버더가면셔쏫헤셔쑤리를싸ᄒᆞ나려새풀을나베ᄒᆞ는거신되이

섬복지 纖匐枝가ᄒᆞᆫ히녀름동안재풀이어미풀의긔운을먹다가

섬복지

식물도셜

ᄉᆞ십칠

식물도셜

히며 나모줄기는 호나만 나서 길허 질거시라 줄기 자르는 거슬 보고 여러 가지라 홀 수 잇
눈디 바로 올나 가는 것도 잇고 가로 나가는 것도 잇고 싸 흐로 버드 가는 것도 잇고 싸 흐로
기여 가며 싸 헤쓰리를 내리는 것도 잇고 박 덤불과 굿치 무엇슬 잡고 올나 가는 것도 잇고
또 혹 츅과 굿치 무엇셰 감계 올나 가는 것도 잇고 이 밧쎄도 여러 가지 조곰식 굿지 아니혼
모양이 잇느니라

73 가지중에 이 샹훈 것도 잇스니 가시 엿는나 모를 보면 그 가시에 닙사귀도 업고 둔둔
호야 잘 되지 못훈 모양이라도 가지 홀수 잇스니 닙사귀 쌈에셔 다른 가지와 굿치 나 옴
이라 비나 모와 취이리나 모를 보면 처음에 춤 가지 나 오다가 츠 가시가 되느니라 그
러나 월게 나 싈기에 잇는 가시는 가지라 홀 수 업스니 이는 쎱질을 벗기 면 다 업서 지기 가도
호고 닙 쌈에나 지도 아니 홈이니라

74 또 호박과 포도나 모를 보니 손이 잇는디 이는 다른 거슬 잡고 올나 가려 호는 가지니
이 손이라 홈은 거시 처음날 때에는 닷닷 호게 나셔 그 닷히 어느 나모에 붓 흐면 츠츠 여러
번 감계 셔 그 너 굴이 나모에 갓 가히 호는 거시오

70 또이샹훈쑤리즁에 **괴식** Parasitic Plants (寄食) 이란풀은졔쑤리가그붓흔나모겁질속에드러가셔그나모에잇는괴운을먹고사는거시며또나모에혹이라ᄒᆞᆫ것도그러케사ᄂᆞ니라

71 쑤리즁에이러케이샹훈거시잇스되흔훈거슨따속에드러가는거시니라그홀일은두가지잇는ᄃᆡ쑤리가다다헤잇는먹을거슬셜아드리는일도잇고혹은후에먹을거슬거두는일도잇스니따헤잇는거슬셜아드리기만ᄒᆞᆫ쑤리는 **실쑤리** Fibrous 라ᄒᆞ니두히만에다되는풀과여러히동안사는풀의게이런쑤리가잇ᄂᆞ니라
후에먹을거슬거두는쑤리는 **살젼쑤리** Fleshy 라ᄒᆞᄂᆞ니ᄃᆡ일년초에잇는거시오쏘잔사리와나모쑤리에잇는가자도실모양이잇ᄂᆞ니라

줄기론이라

72 줄기에대소와셩질을보고온초목을다논호는거슬벌셔말ᄒᆞᆫ얏는ᄃᆡ풀의줄기는굿은거시별노업스니가울셔지만살거시오잔사리줄기는굿은것도잇고줄기도여러

식물도설

눈거시니 사름마다 아는거슨 흙으로 줄기를덥흐면 그줄기가 싸 헤어둔 거 솔 밧고 또 싸 헤잇는 축축호 긔운을 썰 아 드러 쑤리가 나는 줄 아는 지라 잔 사리와 여러 히 동안 잇는 풀 도 졀노 이 굿치 싸 속 에 셔 둘재 쑤리를 내고 또 괴 경 (塊莖) 과 디하 경 (地下莖)에 셔 나는 쑤 리도 그러케 호고 또 무 솜 나 모 던지 썩 거 시 싸에 셔 조 즈 면 이 둘 재 쑤 리 가 나 느 니 라

68 또 쑤 리 즁 에 여 러 가 지 이 샹 호 거 시 잇 는 듸 호 가 지 는 공 긔 쑤 리 니 이 는 Aerial roots 싸 웃헤 잇는 줄기에셔 색리나 는것 인 듸 강 녕 이 를 보 면 그 러 호 지 라 이 쑤 리 즁 에 혹 은 싸 헤 드 러 가 지 아 니 호 고 혹 은 싸 속 에 드 러 가 셔 먹 을 거 슬 쌀 아 드 러 풀 을 먹 이 느 니 라 인 도 국 에 잇 는 반 연 이 란 나 모 는 놉 고 긴 가 지 에 셔 쑤 리 를 느 려 셔 싸 헤 드 러 가 고 싸 우 헤 잇 는 거 슨 줄 기 가 되 느 니 이 런 줄 기 호 나 모 에 수 빅 여 개 가 되 여 일 일 경 밧 츨 덥 게 되 느 니 라

69 또 공 긔 풀 Air Plants 이 잇 스 니 이 풀 의 씨 가 다 른 나 모 에 븟 흐 면 거 긔 셔 나 셔 쑤 리 가 싸 헤 드 러 가 지 아 니 호 고 나 모 속 에 도 드 러 가 지 아 니 호 고 우 운 에 잇 는 것 만 먹 고 사 는 것 신 듸 이 는 아 모 듸 에 둘 지 라 도 그 러 케 사 느 니 라

데스대지 쑤리와 줄기와 닙사귀가 여러가지 잇는 거시라

66 초목을 자르게 ㅎ는 긔계는 쑤리와 줄기와 닙사귀세가지밧쯰업고 또 초목에 문듯 신의 소도 알기 쉬오 니 그 한량업슨 각셕 모양으로 나는 거슨 사람의 뜻밧쯰 된 거시오 초목이 엇지 ㅎ야서 로 굿지 안케 나는고 ㅎ니 이자르는 긔계 셋시 다 져 셩풍을어 그러지지 아니 ㅎ나 수업는 모양으로 나는 거시오

쑤리론이라

67 초목을 자르게 ㅎ는 긔계중에 쑤리는 여러가지 모양 업는 거시라도 그즁에 굿지 아니 흔 거시 잇스니 흔이 ㅎ는 거슨 비(胚)에셔 나는 쑤리가 그 나는 가지 셕지는 쳣재 쑤리 라 Primary root 흔이흔히 만에 다 되는 풀이나 두히 만에 다 되는풀이나 나모나 이런 쑤리 만 나는 거시 만코 둘재 Secondary root 쑤리라 ㅎ는 거슨 줄기를 싸 헤뭇으면 그 곗헤셔 나

식물도셜 스십삼

식물도셜

뎨삼 대지에 요지라

슌이 비록 젹으되 온젼훈 모양이니 새긔 계가 성기는 거시 아니라 더 왕성케 훔이오

단졍이란 거슨 마듸 디로 길허지는 거시오

색리와 줄기에셔 나는 가지의 분간이 무엇시오

눈이라 ᄒᆞ는 거시 무엇시오

꼿눈과 쌈눈이란 뜻순 무엇시며 쏘 거긔셔 무엇시 나는 거시오

가지가 되ᄒᆞ여 나는 모양과 그러지게 나는 모양이오

모양파얼마 동안 견듸는 거슬보고 초목을는호니 풀과 잔사리와 나모라 풀을 보니 일년초도 잇고 이년초도 잇고 다

년초도 잇는 거시오

일년초룰 말훈 거시오

이년초는 풀의 색리 모양과 그쳐히에ᄒᆞ는 일과 둘재히에ᄒᆞ는 일을 말훈 거시오

다년초는 후년에 먹을 거슬 색리에 거두는 것과 싸 속에 잇는 줄기 가지에 거두는 피 경이라 ᄒᆞ는 것과 쏘 싸 속에 잇는

줄기에 거두는 디 하경이란 것과 납 사귀 아릭 쏫헤 거두는 린경이란 거시오

잔사리와 나모도 먹을 것 두는 거시라

경린

33

잇는 눈훈 나히나 둘이나 그 닙사귀가 전히에 거둔거슬 쌀아 먹
고 자르셔 그 새줄기 쏫필 것 선지 나게 홀 거시오
핑이를 보면 그러케 되는 줄을 알 거시니라
93
64 잔사리와 나 모룰 말후면 그 후히에 먹고 자를 거슬 그 살과
샘질에 거두느니 훗봄에 눈들이 이 거슬 먹고 싱싱훈게 나셔 그
버셧던 나 모룰 닙사귀로 닙힐 거시니라
65 식물을 공부후여 초목이 엇더케 자르는 거슬 싱각홀 때에
몬져 헤아릴 거시 잇스니 초목이 다들에 잇는 조고마훈 빅합 쏫
브터 산에 잇는 큰 나모 선지 우리의 게 구르치는 거슨 힘써 남을
위후여 일후는 것과 미리 예비후여 두는 거시라 만일 힘쓰지 아니후고 미리 예비치 아니
후면 아모 일이던지 잘 될수 업스니 무슴 곡식이던지 봄에 힘잇게 자르는 거슨 그 어
미풀이 그 전히에 둔먹을 거슬 먹고 자름이라 빅합도 슈고 후지 아니 후고 아름 다온 모양
을 내는 거슨 오릭 전에 뿌리와 닙시귀가 쌀아 드려둔 거슬 먹고 자름이니라

식물도셜   스십일

식물도설

진거시잇스니다 하경 Root Stock (下莖地) 이라 ᄒᆞ는 뒤 삼십이재 그림을 보면 알지니라 이다 하경(地下莖) 이란 거슨 여러 히만에 될 거시니 히마다 ᄒᆞᆫ 마디식 더 자르는 뒤 히마다 새로 되는 거세 셔 새실 뿌리를 내는지라 이다 하경(地下莖) 에 잇는 눈과 닙사귀 되신 잇는 것과 또 그 젼히 줄기에 써러진 자리를 보니 줄기가 분명 ᄒᆞ

경하디

32

고 뿌리는 아니니라

62 쏘 후히 먹고 자를 거슬 닙사귀에 두는 것도 잇스니 빗합이 그러 ᄒᆞᆫ지라 그 닙사귀 아리 닷치 살져셔 린경(鱗莖) Bulb 이라 ᄒᆞ 눈 거시 되는 뒤 그 아리편에셔 뿌리가 싸 헤 드러 가 고우헤 셔 닙사귀가 길허질거시니 삼십삼재 그림을 볼거시라 이두 가지 뿌리와 닙사귀 아리 싸와 괴운에 잇는 거슬 쌀아 드려 쇼화 ᄒᆞ여 후에 먹을 거슬 닙사귀 아리 싯해거 두니 그 두 셥게 된 거슬 린경(鱗莖) 이라 ᄒᆞ 는 니라 그 닙사귀가 줄기는 잇스나 린경(鱗莖) 속에 감초여 볼수 업 는 니라 그 닙사귀가 ᄒᆞᆯ 일을 다 ᄒᆞᆫ 후에 말나 쩌러지니 그 살진 아리 싯만 남을 거시라 히마다 린경(鱗莖) 속에

식물도설

잇눈살진줄기는 괴경(塊莖) Tuber 이라 일홈ᄒᆞᄂᆞ니 삼십일재 그림을 보니 첫재거슨 지나간히에 된 괴경(塊莖)인디 둘재줄기라ᄒᆞᄂᆞ 거시 새로 나오ᄂᆞ니 말ᄒᆞ나 속이 뷘 거시 되엿고 이 ᄯᅡ우헤 잇ᄂᆞᆫ 줄기가 ᄯᅡ속에셔 가지를 나셔 녀름 동안 그 ᄯᅳᆺ헤셔 점점 먹을 거슬 밧아두셥고 크게 되여 후년에 다시 자ᄅᆞ게 ᄒᆞᆯ거시라

60 이 괴경(塊莖)이란 거슨 ᄯᅡ속에 잇스ᄂᆞ 졋체히 싱각지 아니ᄒᆞᆼ면 뿌리라 ᄒᆞᆯ수 잇스나 뿌리가 아닌 거시 분명ᄒᆞᆫ 거슨 뿌리ᄂᆞᆫ 눈도 업고 닙사귀도 나지 아니ᄒᆞ고 그ᄶᅡᆷ에는 괴경(塊莖)은 조고마ᄒᆞᆫ 닙사귀 모양도 잇고 이도 잇스ᄂᆞ 줄기 인즐가히 알거시오 ᄯᅩ 조셰히 보면 이 괴경(塊莖) 밧ᄯᅥ 실굿ᄒᆞᆫ 뿌리가 잇ᄂᆞ니라

61 이 여러히 동안 사ᄂᆞᆫ 풀 즁에 엇던거슨 그ᄯᅡ속에 잇ᄂᆞᆫ 줄기에 후년먹을 거슬두되 괴경(塊莖) ᄭᅡᆺ지 ᄭᅡᆺ헤만 살지 지 안코 온몸이다 크고 살

삼십구

식물도설

58 다년초(多年草)는 잔사리와 나모가 그러ᄒᆞᆫ듸 지금 말ᄒᆞ는 거슨 여러ᄒᆡ 동안 되는 풀이니 이여러ᄒᆡ 동안 견듸는거슨 싸우헤 것시 죽고 싸속에 것만 견듸는거시로듸 그중후희 봄에 눈 날 줄기는 살수 밧씌업는거 ᄲᅮ리에셔 눈이 날 수 업는선 두희 동안에 되는 것 ᄀᆞᆺ치 마ᄒᆞ 후년에 먹을 거슬 둘거시니 엇던풀은 이 먹을 거슬 ᄲᅮ리에 둘

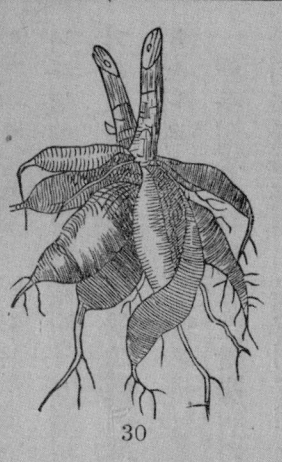

30

거신듸 할박ᄉᆞᆺ풀과 그마ᄀᆞᆺᄒᆞᆫ거시 그러ᄒᆞ니 삼십 재그림을 보면 이 두섭고 살진 ᄲᅮ리가 지나간히에 된 ᄲᅮ리인듸 그우헤 잇는 눈을 먹여셔 닙사귀나 눈줄기 도 나고 새ᄲᅮ리 도 ᄯᅩ 나니 이새ᄲᅮ리 즁에 혹은 이와 ᄀᆞᆺ 치 후년에 먹을 거 두려ᄒᆞ야 녀름 동안 살지고 새풀을 먹이는듸 로 묵은 ᄲᅮ리는 말나 죽느니 ᄒᆡ마다

이러케 ᄒᆞᄂᆞ니라

59 혹 엇던거슨 이와 ᄀᆞᆺ치 ᄲᅮ리에 두지 아니ᄒᆞ고 싸속에 잇는 줄기에 두 거시니 감ᄌᆞ 가 그러ᄒᆞᆫ 듸 이 살진 싸속에 잇는 줄기 밧씌 는 겨울에 견듸는 거시 업ᄂᆞ니라 이런 싸속에

삼십팔

될터이니 그 닙사귀가 넉넉히 쓰고 남은거슨 쑤리로 가셔 두니 후년에 쓸거시 되는지라 그런즉 두희동안에 될쑤리가 그 후년에 먹을 곡간이 되엿스니 크고 무겁고 살지게 되여 사람과 즘싱들의 먹기 됴흔거시 되는니라 이런 풀이 흔히 녀름 동안에는 닙도 퓌지 아니 호고 써 도 열니지 아니 호야 그 쑤리를 크지 게흐는 거슨 무 숨석은인 고호 니 후년에 자를 거슬 잘 자라 게흠이니 전혀에 거둔 거스로 먹여셔 줄기가 싱싱호게 나와 가지도 만히 나게호고 닷도 잘 퓌고 써 도 잘 녁을 거시니 전혀에 둔 쑤리는 가 비얌고 죽게 되느니라

56 두희동안에 되는 풀을 닷 퓌지 못호게호면 여러 히 동안을 살 수 잇고 또 흔히 동안에 다 되는 풀을 닷 퓌지 못호게호면 흔히를 더 살게 홀수 잇스니 가령 농부가 밀을 가을에 심어셔 그 훗녀름에 다 되게호는 것과 곳흔거시오

57 두희동안이라 되는 것 즁에 사람마다 아는 빅추는 그 후희에 먹을거슬 쑤리에 거두지 안코 닙사귀와 적은 줄기에 거둘 거시라 그런즉 이 빅추에 닙과 줄기가 무이와 곳치 두 섭 고 사람이 먹음 쟉호게 될 거시니라

식물도셜 삼십칠

식물도설

뿌리와 닙사귀가 먹을거슬쌀아 드리는디 로자르셔재줄기와 가지와 닙사귀를 내고 또 나종에 쏫과 열미와 씨를 내느니 이세가지나 게호는 거시 그풀의 힘을 만히 먹어 도 도로 갑지 아니 호 니 어 미풀은 쏫피고 열미 밋친 후에 약호게 되여 그 씨를 닉히고 그 후년에 먹을 거 슬 씨 에거 둔 후에 그 어미풀이 죽을거시라

55 이년초 (二年草) 는 첫히녀름에 쏫피지 아니 호 고 가 울 ᄭ 지 겹 디 여 그 후 년 에 야 쏫 픠고 그씨가 다 닉은 후에 슬허질거시니 무이 굿 훈거슬 보면 두 히 동 안 에 다 닉 는거슬 알 수 잇느니라 두 히 동안에 되는 풀이 엇더케 되 는거슬 말호면 첫히에먹을 거 슬에 비호 야 거 두엇 다 가 그 후년에 그거둔 거슬먹 고 열미 가 다 될거시라 그런즉 첫히에는 쑤리와 닙 사귀 밧 ᄭ 업는 거 슨풀 이 수 괴 계로 일 호 야 그 후에 먹고 살 거시 둘 거신 디 줄기는 잇 스 되 기가 젹어 셔 닙사 귀가 쑤리 쏫 헤셔 난 것 굿 호 야 훈 쌥 에 ᄯ 갓 가히 퍼 질 거시니 풀이 자 룰ᄯ 에 ᄯ 속 에 쑤 리 가 더 번 셩 케 호 고 ᄯ 우 헤 닙 사 귀 가 더 만 하 질 거시 라 이러 케 일 호 는 긔 계 는 쑤 리 와 닙 사 귀 풀 이 싱 싱 호 게 자 라 게 호 니 오 닙 사 귀 가 긔 운 에 셔 먹 는 것 과 쑤 리 가 ᄯ 헤 셔 쌜 아 드 린 거 시 닙 사 귀 가 히 빗 슬 맛 고 쇼 화 호 야 그 풀 의 음 식 이

딜수잇고엇던거슨쳔년식지견디딜수잇스니초목이얼마나견디는것과셩질을보고는
호면풀과잔사리와나모니라
50 풀 Herbs 은줄기가강호모양이별노엽고부드러온거시니대한풍도디로겨울에
싸우헤잇는거시죽는것도잇고짜속에쑤리싯지죽는거시라
51 잔사리 Shrubs 는굿은줄기가잇서여러히둥안견디고자르되키가별노크지아
니호고소오쟝싯지만크는거시며쏘이러케크는거시호줄기로만크는거시아니오밋
헤셔브티여러줄기가나셔퍼기가된거시니라
52 나모 Trees 는호굿은줄기로잔사리보다더크고놉호거시니라
53 풀이얼마동안견디는것과모양을보고는호면셰가지인디일년초(一年草) Annuals
와이년초(二年草) Biennials 와다년초 Perennials (多年草)라
54 일년초(一年草)는녀름에씨에셔나셔꼿시푸이고슬허질거신디이대한풍도디
로봄에씨에셔나셔가울에죽는것도잇고그젼에라도씨가다되여닉엇스면죽을거시
니귀이리와보리와게즈와흑츅이다그러호지라이굿호풀의쑤리는실과굿호거시니

식물도셜 삼십오

식물도설

48 만일가지나는 모양을 주셰히 알녀 ᄒ면 닙사귀업슬때에 눈을 보고 알 거시인디 혹가 디ᄒ야 난 것과 굿 치 후에 가지날 쌈눈을 볼 수 잇는지라 그런즉 히 마다가지 나는 모양이 어그러지게나 고 마조 디ᄒ야 나 눈 줄을 알면 나 모나 잔사리가 서로 굿지 아니ᄒᆫ모양으로 나 눈 거슬이 샹히 녁이 지 아니 ᄒ리라

울에 닙사귀업슬때라도 녀름에 닙사귀붓텻던 자리를 보면 분명 ᄒᆯ 지니 쏘 그 자리 우헤 훗봄에 날눈을 보고 무슴 모양으로 날넌 지 알지 니라 십팔재 그림을 보면 닙사귀가 디 ᄒ여 붓 헛 던자 리 우헤 쌈눈을 보니 훗봄에 가지가 디 ᄒ여 날줄 도 알 수 잇 느니라 이십구재 그림을 보면 훗봄에 가지가 어그러지게 날줄도 알 수 잇 고나 모에 가지 다 ᄒᆫ 모양될 터인디 다 클 수업셔 힘잇 고 강 ᄒᆫ 것 만 쌈 눈이 다 크게 되면 그 나 모 에 가지가 다 ᄒᆫ 모양 인디 다 클 수 잇 는 거시 오 또 초목 즁에 혹은 ᄒᆫ 닙쌈에 셔 여러 눈이 나 눈 것 도 잇 ᄂ 니라

49 초목이 얼마 나 사 눈 거 슬 말 ᄒ 면 서 로 크게 굿 지 아 니 ᄒ니 엇 던 거슨 멧 히 멧 둘만 견

29 28

삼십ᄉ

식물도셜

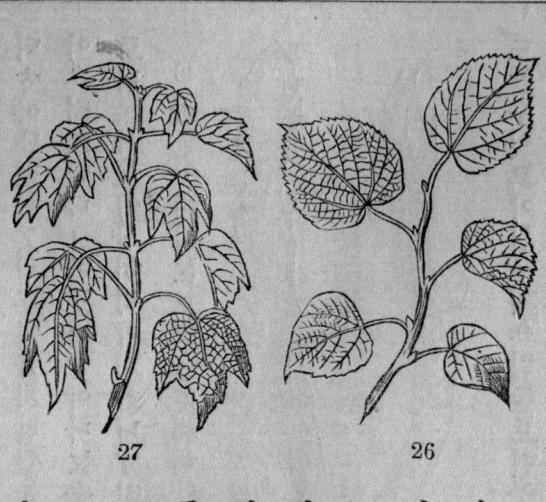

26   27

이 눈이 흥샹 줄기에 끗헤셔 나니 끗눈 Terminal bud 이라 ᄒᆞᄂᆞᆫ 거시라 가지 날 눈은 줄기 겻헤셔 나 눈 되 임의 말ᄒᆞᆫ 되로 닙 쌈에셔 나 나니 쌈눈 Axillary bud 이란 거시라 끗 눈이 원 줄기 되 눈 것굿치 쌈 눈이 가지가 되 눈 거시오

47 가지는 닙사귀 쌈눈에셔 닙사귀 나 눈 되로 날 거 시라 닙사귀 나 눈 모양이 두 가지 잇스니 서로 어그 러지게 나 눈 모양도 잇고 마조 되 ᄒᆞ야 나 눈 모양도 잇 눈 되 어 그러지게 나 눈 거슨 마 되 마 다 닙사귀 ᄒᆞᆫ 나 만 나 눈 거시니 이 십륙 재 그림을 보면 분명 히 알 거시오 마조 되 ᄒᆞ여 나 눈 거슨 마 되 마 다 닙사귀 둘식 마조 되 ᄒᆞ야 나 눈 거시니 이 십칠 재 그림을 보면 조셰히 알 거시니 라 이 그림 과 굿 치 후에 가지 날 쌈 그 닙사귀 가 어 그러지게 난 것 을 보니 이 십륙 재 그림은 눈을 볼 수 잇고 이 십칠 재 그림을 보면 닙사귀 가 마조

삼십삼

식물도설

단경

26

삼십이

면단경이마디마디로자르는거
슬쑥쑥히 알거시오 미국에
큰나모라도 단경잇는것 잇
스나

43 줄기가흔이자르는거슨 **가지**나는듸로자르는거시라 가지는줄기에셔도나고
쑤리에셔도나는듸 뿌리에셔 몬져나 누니 쑤리 가지는원뿌리에셔아모디셔나고 또줄
기도싸혜뭇으면 거긔셔도뿌리가지가나누니라

44 줄기가지는법듸로나고 아모듸셔나는것아니오 닙짬에셔만나는듸 닙사귀 도법
듸로나니 가지가 어듸 날년지 닙사귀나 눈듸로 작뎡 홀지라

45 **눈**이란거슨아직미셩흔가지나줄 긴듸좀거셔 자셰히볼수잇스면다지못흔닙
사귀를볼수잇고 쏘훗봄에 닙사귀 날눈은 닙사귀 굿흔 마르고 주러진 비늘로 덥눈거시니

46 비에셔처음 나 는 슌은 눈이니 이첫재 눈이 원 줄기가 되여 초초 그 자름으로 원 줄기
가자르눈거시오 삼십팔재그림에 잇눈 나무굿흔거시 이런 눈으로만자르눈거신듸

뎨삼대지 히마다자르는거시라

41 초목이시쟉ᄒᆞᄂᆞᆫ듸로더자르ᄂᆞᆫ거슨어려슬때에도자르ᄂᆞᆫ긔계가다갓초잇ᄉᆞ니 초추더자르ᄂᆞᆫ듸로ᄉᆡᄀᆡ계가싱기ᄂᆞᆫ거시아니오임의잇ᄂᆞᆫ긔계가더왕셩홈이라 ᄲᅮ리가ᄯᅡ헤잇ᄂᆞᆫ거슬ᄲᅡ아드려졈졈더셩ᄒᆞ여길허지고우헤잇ᄂᆞᆫ줄기가히빗과긔운을ᄲᅡᆯ 아드려닙사귀를더ᄂᆡ셔ᄯᅡ헤셔먹은거슬쇼화ᄒᆞᄂᆞᆫ듸로크ᄂᆞᆫ거시니그런고로ᄉᆡ풀이 얼린으히와곳치ᄒᆞ로더자를거신듸줄기가마듸와닙사귀 룰ᄂᆡᄂᆞᆫ듸로더ᄂᆡ니마 듸마다크지고졔낸닙사귀가커진후에가더자르지아니ᄒᆞ고그훌일은그후에날마 듸를자르게ᄒᆞᄂᆞ니라

42 이굿치마듸듸로자르ᄂᆞᆫ여줄기가더길허지고닙사귀도만하질거시니자르ᄂᆞᆫ듸로 자르ᄂᆞᆫ힘이더날거시오가지가나지안니ᄒᆞ고마듸듸로자르ᄂᆞᆫ줄기는 **단경** Simple stem (單梗) 이니초목즁에단경만나ᄂᆞᆫ것만흔듸혹은그둘ᄶᅢ히나셧편다음에나가지나 ᄂᆞᆫ것잇ᄉᆞ니ᄭᅡᆯ날이와강넝이가그러ᄒᆞᆫ지라이십오재그림에강넝이줄기니즈셰히보

(子葉) 이여럿잇는거신줄노분명히알어야홀지니라

데이대지의요지라

꼿시열미를내고열미가씨를내는디씨중에요긴훈거슨비라산거시라도얼마동안자는거시며얼마동안살거시오

자란기를시쟉ᄒᆞ는거슨무엇잇셔야자랄눈거시오

비의유근이웃꼿치길허져서 조엽이날가게ᄒᆞ는것과 ᄎᆞ아틔꼿은길어져서 뿍리가내려가게ᄒᆞ는거시오

풀이씨에셔처음나올쌔에비록적으되계ᄂᆞᆫ큰풀과 ᄀᆞᆺ훈거시오

풀이시쟉홀쌔에먹이는것엇더훈거시오

씨에둔먹을것슨비유니이비유가든든훈모양으로잇다가비가먹을쌔에눈셔헤잇눈물을빗아물ᄎᆞ혼모양이되

눈거시오

벼유를비밧씨도두고비안헤 ᄌᆞ엽에도두ᄂᆞᆫ것잇는거시오

비안해먹을거슬만히두ᄂᆞᆫ속히나고급히자랄거신듸콩파잉도와도리와팟슬보고알거시오도리와팟ᄎᆞ

흔거시씨헤셔나오지안는거슨무슴섯둙이오강닝이와평이를보고알거시오

초목에 ᄌᆞ엽몟치나말훈거시오단 ᄌᆞ엽쌍 ᄌᆞ엽번 ᄌᆞ엽이라ᄒᆞ는것시라

37 강낭이와 나달과 펑이와 박합꼿굿 한거슨 그 비(胚)에 잣엽(子葉) 하나만 잇스니

단 **잣엽** Monocotyledon (單子葉) 초목이라 하고 비(胚) 도 단잣엽비(單子葉胚) 라 할거시오

38 흑축쏫과 단풍나모와 콩과 복숑아와 잉도와 춤나모와 팟굿 한 초목의 비(胚)는 잣엽(子葉) 둘이 잇스니

쌍 잣엽 Dicotyledon (雙子葉) 초목이라 할거시오

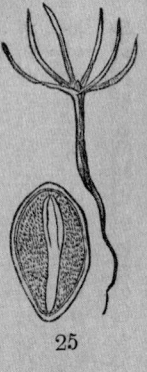
25

39 솔나모와 그와 굿한 초목은 그의게 잇는 비(胚)의 잣엽(子葉) 이 여러히 잇는 듸 이 갓흔 잣엽(子葉) 이여러히 된다 눈 뜻시니 그림을 보시오

번 잣엽 Polycotyledon (繁子葉)

40 식물 공부하는 사람이 이세가 지둘 닛지 아니하여야 할거슨 그비(胚) 즁에 분간하는 것 뿐 아니라 비(胚) 브터 줄기와 닙사귀와 꼿석지 초목을 다 쏙쏙히 눈호는 거시오 그런즉 또 한번 자셰히 말할진된 **단 잣엽** (單子葉) 초목 이라 하는 거슨 그 나만 잇는 거시오 쌍잣엽(雙子葉) 초목은 비(胚) 의 잣엽(子葉) 둘이 잇는 거시오 **반 잣엽** (繁胚葉) 초목 은 비(胚) 의 잣엽

식물도셜

리니씨의잇는비유(胚乳)도잘먹고

뿌리와납사귀가싸와공즁에셔그

을거슬잘쌜아드러먹으니당년녀름에거서쏫도피고열미도열녀그후희에먹을거슬거두게되느니라

36 강녕이굿치즈엽(子葉)흔나만나는거시그즈엽(子葉)이싸우흐로나오지안코흔흔거슨그디로싸속에잇는거시오그러나펑이는즈엽(子葉)을뒤엇헤씨쎱질을니고나올거시오강녕이가쳐음에는그줄기마디가길어져셔납사귀가셔로멀니쩌나게흐는거시오어셔잘뵈지안으되후에는그마디가길어진후에는눈펑이줄기는조곰도길어지지아니흐야그디로얇은판과굿치잇셔키보다넓기가크지눈디흔편에눈쑤리가나고흔편은그살진납사귀쏫흐로덥는거시오

이십팔

림을 보면 팟을 슷슷흔 물에 두엇다 가 겁질 벗기는 거슬 볼지니 뒤 단히 두세 온 즛엽(子葉)

곡조 고 마흔 유근(幼根)을 볼 수 잇고 이십재 그림을 보면 팟나 모자르는 거슬 볼지니 씨

가 즛엽(子葉) 석지싸 헤잇고 유아(幼芽)는 그 즛엽(子葉)에 녁녁 히둔 거슬 먹어 셤힘

잇는 모양으로 싸헤셔 나올터 인딕 유근(幼根)은 갈허지지 아니 흥눈 섭에 두세 쑤리

룰 내는 거시니 이 일을 보매 팟나 모가 속히 되는 것과 처음 자를 쌔에 그 어미 풀이 그 전히

에 둔녁을 거 슬 먹고 자르는 거시 나 타나는 지라

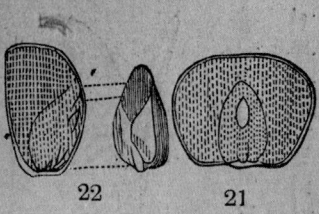

35 슈슈와 강닝이를 보니 도토리와 팟과 굿지 아니 흔디 이 긋지 아니

흔 거슨 그 후히 에 먹을 거슬 비(胚) 밧씌 도두 고 비(胚) 안해 도둠이니

이십일과 이십이 재 그림을 보면 그 씨 즁에 비유(胚乳) 가 만흔 거슬 볼

수잇스니 자를 쌔에 잇는 물을 밧 고 녹아셔 즛엽

(子葉)을 먹이 고 쑤리 가 되게 흥 고 유아(幼芽) 도 츰싸 헤셔 나올 넙사

귀를 되게 흥는 거시니라 이 십삼재 그림을 보면 강닝이 순 나 오는 거슬

볼거시오 이십스재 그림을 보면 강닝이 쑤리 여러이 나 오 고 넙사귀 두어 개 나는 거슬 보

식물도셜

이십칠

식물도셜

34 도토리와 팟굿흔거시이것과굿지아니흔거슨즈엽(子葉)이너무두섭고무거오니 나너무두섭고 완실 학니 쉬히 둘 나 써러질 거 시라

엽(子葉) 이너무두섭고무거오니 닙사귀되려학지아니 학고새풀을먹이기만 학는 닥섭질에잇고 쏘 싸헤셔나올일이업스 니그유근(幼根)이만 히길허지지아니학여 셔그아리 밋헤셔 쑤리가 나고웃 밋헤셔속닙사 귀만나게 할거시니라 여덟재 그림을보면 즈

엽(子葉)이도토리안헤촘나 모나게학는거슬볼거시니라 팟도그러 학니 열아홉재

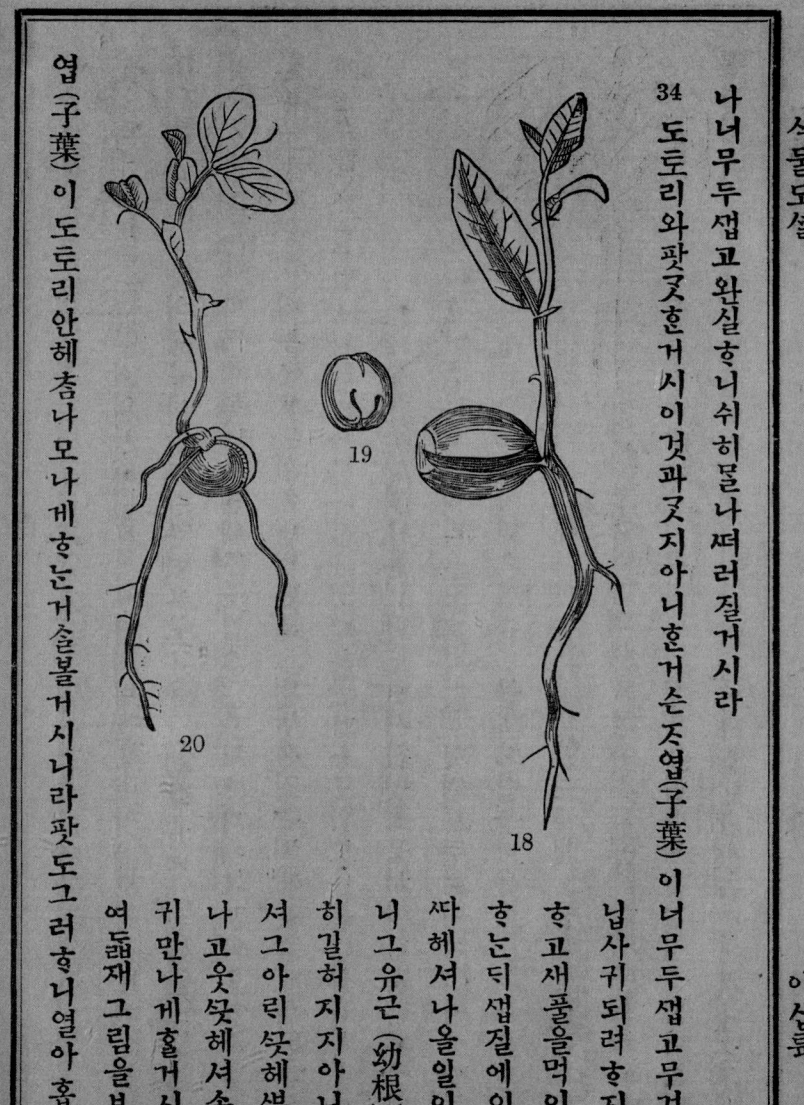

이십륙

식물도셜

림을볼거시오 이 즛엽(子葉) 이큰거슨그속에먹을거시만흠이나 비 (胚)가 이거슬먹고풀될거시라 쏘먹을거시이굿처만흔거슨풀이속 이싸헤셔나올쌔에 그유아(幼芽) 도크게되는거시오 또즛엽(子葉) 히자르게흠이라그런고로그유아(幼芽)가벌셔되여셔 그즛엽(子葉) 이두섭고 완실ᄒᆞ니 빗츤푸르되 닙사귀는되지못홀거시신되 그잇는먹 을거스로새로난풀닙사귀와쑤리를먹 여셔힘잇고 급히자르게훈후에 이거시 실허져업셔질터이니 열여 슷재와열닐 곱재그림을보시오

33 잉도와밤도이와 굿혼되 그두세온 즛엽(子葉)이싸헤셔 나오고펴져셔 게잇는거슬자르 눈풀을먹이는되로졔 몸은 얇게되니 닙사귀모양굿ᄒᆞ나그러

이십오

식물도설

되볼즈미가쉬히업서질번ᄒ엿소ᄯ도식물공부ᄒ는사람이초목에여러가지모양을보
고다른사람보다더옥즈미잇는거슨초목이굿지아니ᄒ중이라도다알기쉬온의소로
문득신거시오풀마다보니썩리가ᄂ려가셔그풀이싸와합ᄒ게ᄒ는것도잇고줄기가
올나가셔빗과긔운을마자마다마다닙사귀도나고그후에솟도퓌는듸솟즁에긔계가
모양은조곡식굿지안으되쏠듸ᄂ다굿ᄒ거시오무수ᄒ초목이다이러케굿지아니ᄒ
되다합ᄒ는거슬보니하ᄂ님씌셔문득신줄노알수밧씌업는거시오

31 그문득신의스가굿ᄒ되자르기시쟉ᄒᄯ에브터라도서로굿지아니ᄒ거시만ᄒ니
벌셔말ᄒᆞ혹츅솟과단풍나모를싱각ᄒ야보면그런줄을알거시오ᄒ풀을가지고
각각굿지아니ᄒ거슬공부ᄒ셔다ᄒᄒ풀을쏙쏙히보고그자르는법을헤아려보기만
ᄒ면비홀거시만ᄒ지라

32 가령콩ᄒ알을슷슷ᄒ물에두엇다가섭질을벗기고즈셰히보면그속에잇는것비
(胚) 밧씌업는거신듸그알을셔치고보면셔듯기쉬올지니크고두쎄온즈엽(子葉)둘
도잇고조고마ᄒ유근도잇고도벌셔된유아(幼芽)도잇ᄂ니라열네재와열다솟재그

식물도셜

라 강낭이를 보고 알거스니 그 닉 기전에 속에 잇는 흰물이 곳 비유(胚乳) 라 ᄒᆞ는 거시라 이 강낭이 가닉은 후에는 오릭 동안 견듸게 ᄒᆞ랴고 이 물이 ᄎᆞᄎᆞᄃᆞᆫᄃᆞᆫ ᄒᆞᆫ 모양이 되ᄂᆞ니 이거 슬 ᄯᅡ 헤심으면 물을 밧아 다시 비(胚) 먹을 거시 되ᄂᆞ니라

29 ᄯᅩ 어미 풀이 둔비(胚) 먹을 거슬 비(胚) 밧긔 두는 것 뿐 아니라 ᄌᆞ엽(子葉) 속에도 두ᄂᆞ니 이러케 된 씨는 비(胚) 와 겹질만 된 거시라

30 첫재 그림을 보니 흑튝ᄉᆡᆺ의 그 ᄌᆞ엽(子葉) 어 난 후에 줄기마딕마다 입사귀가 ᄒᆞ나 식 낫ᄂᆞᆫ딕 단풍나모는 줄기 마딕 마다 입사귀 둘식 난 거시 오 흑튝ᄉᆡᆺ 순풀을 처음브터 잘 자르게 ᄒᆞ랴고 그 씨에거 둔 먹을 거시 비(胚) 밧ᄯᅥ 잇고 단풍나모는 그 씨에거 둔 먹을 거 시 ᄌᆞ엽(子葉) 안헤 잇ᄉᆞ니 그 문돈의 소는 그것ᄒᆞ되 이러케 조곰식 굿 지 안은 거 순풀 마다 제 죵류 딕로 자르며 그 죵류들 듕에 처음브터라도 자르는 거시 조곰식 지 아니ᄒᆞᆫ 거시 오 ᄯᅩ 셰샹에 잇는 풀과 잔사리와 나모의 긔계 닙 사귀와 ᄭᅩᆺ과 열미가 각각 여러 가지 모양 이 잇ᄉᆞ니 초목을 공부ᄒᆞ는 거시 ᄌᆞ미 잇슬 거시 오 셰샹 사름 들이 여러 가지 모양 잇는 슐됴화ᄒᆞ는 딕 만일 ᄭᅩᆺ과 초 목을 다 ᄒᆞᆫ 본 으로 만드럿더 면 처음 보기 에는 비록 아람 다 오

이십삼

식물도설

내고 쑤리도 더 길어져서 가지가 더 셩흠이라

27 비(胚)를 기르는 거슨 즘싱과 굿치 먹을 거시 잇셔야 홀 터 인 디 풀 되기 시 작지 자르게 ᄒ랴면 비(胚) 가 씨에 잇슬 때 브터 됴화ᄒᆞ는 거슬 먹어야 홀지라 풀이 되여셔 쑤리 가 싸 혜ᄂᆞ려 가고 줄기 가 오나 와 닙사귀 가 되여 져 먹을 거슬 혼 즛 먹고 살 수 잇슨 되 처음 시 쟉홀 때에는 자르 눈 그 게 가 잘 되지 아니 ᄒᆞ 엿 ᄉᆞ니 가령 갓 난 즘 싱이 그 어미 졋 슬 먹고 사 ᄂᆞᆫ 것과 굿 치 비(胚) 도 씨 에셔 처음 자랄 때에 그 어미 풀이 둔 거 슬 먹 을 거시 오 어미 풀 이 이 먹 을 거 슬 엇 더 케 두 눈 고 ᄒᆞ니 새 로 ᄂᆞᆫ 흑 츅 씨 를 쏙 의 고 보 면 비(胚) 밧 쎄 그 속 에 잇 눈 둘 고 부 드 럽 고 츅 츅 흔 거 슬 볼 터 히 니 이 거 슬 비 유 Albumen (胚乳) 라 ᄒᆞᄂᆞᆫ 디 비(胚) 가 이 거 슬 먹 고 유 근(幼根) 이 ᄂᆞ 려 가 셔 쑤 리 가 되 고 즛 엽(子葉) 이 올 나 가 셔 첨 쑤 리 와 줄 기 와 닙 사 귀 잇 눈 풀 이 될 거 시 니 라

28 이 부 드 럽 고 츅 츅 흔 비 유(胚乳) 라 ᄒᆞᄂᆞᆫ 거 시 그 디 로 오 리 견 디 지 못 홀 터 이 니 그 씨 가 닉 은 후 에 부 드 러 온 모 양 은 업 셔 지 고 아 교 굿 치 물 나 붓 허 오 리 동 안 견 딜 수 잇 눈 거 시 오 쏘 이 거 슬 싸 혜 심 으 면 물 을 밧 아 다 시 부 드 럽 고 츅 츅 ᄒᆞ 게 되 여 비(胚) 먹 을 거 시 되 ᄂᆞ 니

이십이

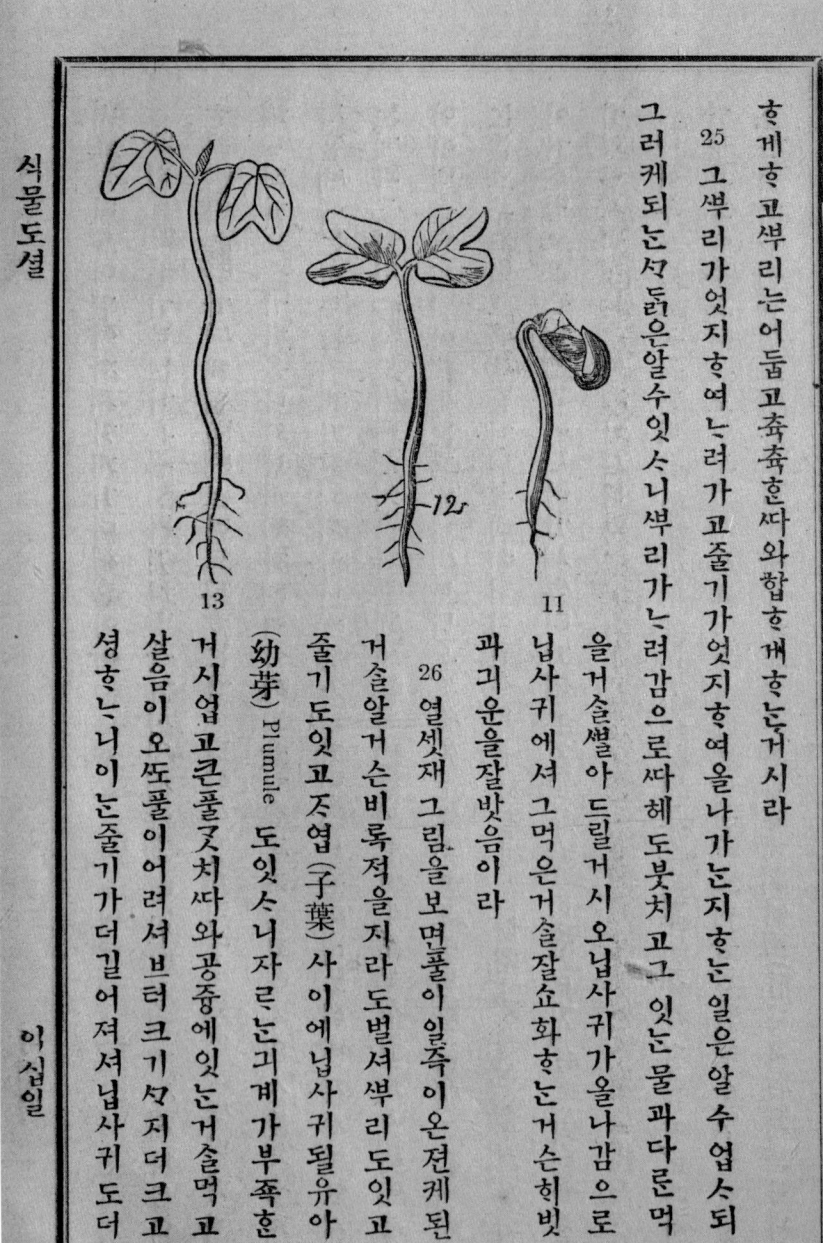

훍게 호고 뿌리는 어둡고 축축 흔 따와 합호얘호는거시라
25 그 뿌리가 엇지호여 느려가고 줄기가 엇지호여 올나가는지 홀은 알 수 업소되
그러케 되는 것 두 은 알 수 잇 스니 뿌리가 느려 감 으로 따 헤 도 붓 처 고 잇 눈 물과 다른 먹을 거슬 쌜 아 드 릴 거 시 오 닙 사 귀 가 올 나 감 으로 닙 사 귀 에 서 그 먹 은 거 슬 잘 쇼 화 호 눈 거 슨 히 빗 과 귀 운 을 잘 밧 음 이 라

26 열셋재 그림을 보면 풀이 일즉이 온전케 된 거슬 알거슨 비록 적을 지라도 벌셔 뿌리도 잇고 줄기도 잇고 즈엽 (子葉) 사이에 닙사귀 될 유아 (幼芽) Plumule 도 잇스니 자르는 긔계가 부족 훈 거시 업고 큰 풀 굿 치 따와 공 즁 에 잇 는 거 슬 먹 고 살 음 이 오 쏘 풀 이 어 려 셔 브 터 크 기 시 작 지 더 크 고 셩 호 눈 니 이 눈 줄 기 가 더 길 어 져 셔 닙 사 귀 도 더

식물도셜   이십일

식물도셜

혹은다솟히나여솟히동안을살수잇고혹은두히후에눈살수업눈것도잇고혹은즉시싸헤써러지지아니ᄒ면살수업눈것도잇ᄂ니씨가죽엇눈지살엇눈지아눈법은싸헤심으눈것밧긔업ᄂ니라

23 씨가자르눈거슨싸헤잇눈물을쌀아드려셔부룬후에더운긔운을쬐이면비(胚)가깁히잠드럿다가셔눈것굿치기지계ᄒ눈거신ᄃ비(胚)의줄기가좀길어져셔그못히씨썹질을쏙이고나올거시오쏘이ᄯᅢ에닙사귀도ᄎᄎ펴져셔씨썹질을벗길거시라지금은쑤리도나오고닙사귀도나와스니조고마ᄒ풀이되엿눈지라

24 그런즉공부ᄒ눈사름이이러케되눈거슬즈셰히알려ᄒ면콩이던지무슴씨룰싸헤심어분명이볼지니열재와열ᄒ재와열둘재와열셋재그림을보면이러케되눈거슬적이셔드룰거시쟈훌ᄯᅢ브터유근(幼根)이라ᄒ눈거시씨에셔나와밋흐로눌려가눈거신ᄃ거긔셔뿌리가되여셔더눌려가눈ᄃ로더가지룰내고더욱깁히박힐거시오쏘유근(幼根)에아릭ᄭᅳᆺ히밋흐로눌려가되우헤ᄭᅳᆺ은우흐로올나가셔닙사귀가싸헤셔나오게ᄒ여히빗과더운을맛게ᄒ눈거슨닙사귀눈긔운과합

뎨이대지 풀이씨에셔자르는거시라

21 첫지대지를보매풀의긔계가무엇시며풀이자르는후에꼿퓌는것과꼿에셔열민나눈것과열민에셔씨나는것과씨에뎨일요긴흔거슨비(胚)라ᄒᆞᆼ엿스니이꼿과열민가홀일은이비(胚)라ᄒᆞ는거슬내고보호ᄒᆞ고먹일거시오비(胚)에홀일은자르셔새풀될거시라

22 이비(胚)가엇더케자르는거슬비홀거신듸씨다된후에즉시다시자르는거시아니오흥샹살아잇소되살아잇는모양도업고추우나더우나샹관업는것굿흔듸떠러지는듸로자는것굿치잇셔혹은훗봄이나그훗봄셧지그티로잇다가자르기를시쟉ᄒᆞ는것도잇고쏘엇던나모의씨는봄에넉어셔너름동안에자르기를시쟉ᄒᆞ는것도잇고쏘엇던나모의씨는가울에넉어셔훗봄셧지자르지안코그디로잇는것도잇고쏘엇던나모의씨는가울에넉어셔훗봄셧지자르지안코그디로잇는것도잇고쏘는므룬듸두어두면여러힛동안을살아잇는듸멧힛동안될넌지는조셰히알수업눈지라오십년셕지잇다가도잘자를수잇는씨가잇소나흔흔거슨오십년셕지갈수업는듸

색물도셜   십구

식물도설

이꼿긔계즁에 엇던거시 혹 업슬수 잇눈거시오
화관조각일홈이 무엇시며 약조각 된 일홈은 무엇시 라하눈거시오
열미 라하눈 거슨 무엇시오
씨는 무엇시며 그의 자른눈 거슨 무엇시 라하눈거시오
쏘 비에 긔계 멧치 나 잇고 무엇시 라하눈 거시라

십팔

첫지 대지의 요지라

풀과계두가지인디쟝셩과외셩셩과니무엇시며 또 쓸디가무엇시오

쑤리가무엇시오

줄기가무엇시며 거긔셔무엇시나는거시오

닙사귀는엇더호거시오

풀이자랄째에 쑤리와 줄기와 닙사귀가 엇더케 쌰혜 나물에 나 공즁에 잇는 거슬 먹는거시오

풀이 나 잔사리 나 나모가 다 굿호 거시오

풀이 씃슬 내여 풀을 쓴 호나 되게 호 눈거시오

씃과 열미와 씨를 다 나 게 호 석 돕은 그 비를 내려 홈이오

비는무엇시오

씻봇은무엇시며 뎨일요간호 호 긔계는무엇시오

악과 화판과 용예와 화수와 약과 화분이 다무엇시오

조예 는 어 디셔 나 며 조예에 긔 계 조방 과 화 쥬 와 쥬 두 는 다 무엇 시오

비쥬는무엇시오

식물도셜 십칠

고토리열미 인디그 밋헤잇눈약(蕚)과 그우헤마룬화쥬(花柱)도볼수잇고여둡재그림을보면고토리가세조각에터져셔씨쩌러지게ᄒᆞ눈거신디이흑츅솟고토리눈조포의(子胞衣)란방이

7

8

셋시잇눈디미방에씨둘식잇ᄂᆞ니라

19 씨눈즈예(雌蕊)가녁어셔즈방(子房)속에

난거신디새풀나게ᄒᆞᆯ거시오

20 씨즁에자룰거슨비(胚) Germ or Embryo 니비(胚)라ᄒᆞ눈거슨그씨속에셔임의된조고마ᄒᆞᆫ풀이라흑츅솟슨비(胚)가좀크니나오ᄒᆞ여보기쉬울거시라아홉재그림을보면흑츅씨에셔난비(胚)룰볼거시오열재그림을보면그조고마ᄒᆞᆫ닙사귀터진거슬볼수잇ᄂᆞ니그입사귀일홈을즈엽 Cotyledon (子葉)이라ᄒᆞ고그닙사귀구온디셔ᄂᆞ려오

9

10

눈줄기눈유근 Radicle (幼根)이라ᄒᆞᄂᆞ니라

눈업스되 ᄌ방(子房)과 약(葯)과 쥬두(柱頭)만잇스면 씨가잘될거시라 ᄎ ᄎ 꼿슐 쏙쏙히불너인듸 그동안에 심공홀거슨 꼿긔계일홈악(葯)과 화관(花冠)과 웅예(雄蕊)와 ᄌ예(雌蕊)와 또이긔계에잇는 화ᄉ(花絲)와 약(葯)과 화분(花粉)과 ᄌ방(子房)과 화쥬(花柱)와 쥬두(柱頭)와 비쥬(胚珠)니 각각 꼿슬 보고이여러 가지긔계를 분간 ᄒ여야 될거시니라

16 악(蕚)과 화관(花冠)이는 호여 조각이 되엿는 듸 악(蕚) 조각일홈은 악편 Sepal
(蕚片)이오 화관(花冠) 조각일홈은 판 Petal (瓣)이라

17 꼿난후에 악(蕚)과 화관(花冠)과 웅예(雄蕊)는 다 ᄯ러질거시로되 혹 악(蕚)은 안 ᄯ러지는 꼿도 잇고 ᄌ방(子房)이라 ᄒ는거슨 ᄯ러지지 아니 ᄒ고 그 디로 커셔 열미 될 거시니라

18 우헤 잇는 말을 보매 열미 라 ᄒ는거슨 ᄌ방(子房)이 닉어셔 된거시라 ᄒ엿스니 모양은 혹 쓸기 굿 ᄒ거시나 복송아 굿 치 든든 ᄒ 돌굿 ᄒ 씨 잇는 거시나 호도 굿 ᄒ 거시나 나 둘이나 고로리 열미 굿 ᄒ 거슨 다 ᄌ방(子房)이 닉어 셔 된 거시니 닐곱재 그림을 보면

14 조예 Pistil

(雌蕊)라 ᄒᆞ는거슨 곳ᄀ온대셔 나는거신듸 ᄒᆞ나만 나는것도 잇고 여럿 나는것도 잇느지라 조예(雌蕊)의 긔계 셋이 잇스니 조방 Ovary (子房)과 화쥬 Style (花柱)와 쥬두 Stigma (柱頭) ㅣ라 조방(子房)이라 ᄒᆞ는 거슨 씨 집될거시오 조방(子房) 우헤 잇는 긴 줄기는 화쥬(花柱)라 ᄒᆞ는 거시오 화쥬(花柱) 끗헤 잇는 혹크고 축축 ᄒᆞᆫ 거슨 쥬두(柱頭)라 ᄒᆞ는 거시라 약(葯)의 잇는 화분(花粉)이라 ᄒᆞ는 가로가이 쥬두(柱頭)에 붓허야 조방(子房) 과 화쥬(花柱) 와 쥬두(柱頭)를 다 조셰히 볼 수 잇ᄂᆞ니라 조방(子房) 속에 씨가 잘 될거시니 여슷재 그림을 보면 조예(雌蕊)의 조방(子房) 속에 잇는 씨 될거슬 비쥬 Ovule (胚珠)라 ᄒᆞ는 듸 곳 즁에 비쥬(胚珠)가 만흔 곳도 잇고 만치 아니흔 곳도 잇ᄂᆞ니라

15 곳의 긔계는 이 우헤 긔계들 밧씌 업는 듸 곳 즁에 어ᄂᆞ긔계는 잇고 어ᄂᆞ긔계는 업는 것도 잇스니 엇던 곳 손 봉호나 만되는 것도 잇고 곳도 잇ᄂᆞ니라 ᄯᅩ화스(花絲)와 화쥬(花柱) 업는 웅예(雄蕊)도 잇고 화쥬(花柱) 업는 조예(雌蕊)도 잇스니 화스(花絲)

꽃의 데일 긴호 웅예(雄蕊)와 줏예(雌蕊)를 보호호 는거시라

11 악 Calyx (萼)이라 호 는거슨 그 밧끠 덥 는거신 터 흔흔거슨 빗슨 푸르고 모양 은 넙

12 화관 Corolla (花冠)이라 호 는거슨 그 안헤 덥 는거시니 얇고 또 흔흔빗슨 고흔 즉 꼿

계즁에 데일 아름다온 거시오 둘재 그림을 보니 흑축 꼿에 화관(花冠)을 그터로 둔 거시오

넷재 그림을 보니 흑축 꼿에 화관(花冠)을 쏙여 웅예(雄蕊) 가 뵈이 눈거시니라

13 웅예 Stamen (雄蕊) 가 두가지 잇스니 화스(花絲) 와 약 Anther(葯)인 터 화스(花絲) 라호 는거슨 웅예(雄蕊) 의 줄기 오 약(葯)이라 호 는거슨 웅예(雄蕊) 머리에 잇 눈 조 마흔 속 빈 거시라 약(葯)의 가로 굿흔 거슨 화분(花粉) Pollen 이라 호 는거신 터 다숫재 그림은 웅예(雄蕊)인 터 약(葯)에셔 화분(花粉) 나 눈거슬 볼수 잇 는 니라

식물도셜

십삼

식물도설

십이

과 잔사리와 큰 나모짓훈거슨 여러히 되여야 꼿필거시라
8 꼿나는 선둙은 열미 되게 ᄒᆞ는 거신듸 열미의 요긴ᄒᆞᆫ 거슨 비(胚)라 ᄒᆞ는 거시니 비(胚)라 ᄒᆞ는 거슨 그 씨의 잇는 조고마ᄒᆞᆫ 풀인듸 씨를 싸 헤심으면 새 풀될 거시라 이세가지 풀을 다시 나게 ᄒᆞᆫ는 긔계니 꼿과 열미와 씨를 이 아릭 ᄎᆞ례로 ᄒᆞ나식 말ᄒᆞ노라

9 식물공부중에 꼿이 뎨일 ᄌᆞ미잇는 거슨 보기도 흔컷과 묘ᄒᆞ게 문드시고 ᄎᆞ례 되로 두눈 것과 쏘여러가지 모양잇는 것뿐 아니오 꼿만 보아도 그 풀의 성품도 알수 잇고 쏘어느 족속인지 도분간 ᄒᆞ여 쏙쏙히 알수 잇스니 그런즉 이 공부ᄒᆞ는 사ᄅᆞᆷ이 몬져 비홀거슨 꼿의 잇는 긔계라

10 온견ᄒᆞᆫ 꼿에 ᄂᆞᆫ 악(萼)과 화관(花冠)과 웅예(雄蕊)와 ᄌᆞ예(雌蕊)가 잇는듸 흑 축 꼿을 보면 알지니 그 그림 둘재는 화관(花冠) 이오 셋재는 악(萼)이라 이 화관(花冠) 과 악(萼)은 꼿슬 봉ᄒᆞᆫ 것신듸 꼿눈을 덥허셔

식물도셜

거시닙사귀에셔히빗슬마즈면사름의비에셔음식쇼화ᄒᆞᄂᆞᆫ것과굿치이것도닙사귀
에셔쇼화ᄒᆞ여풀을자르게ᄒᆞᆯ거시되ᄂᆞ니그런고로ᄯᅡ와긔운과물을보니그디로풀을
자르게ᄒᆞᆯ거시아니오풀에드러가셔그긔운과합ᄒᆞ여쇼화된후에야풀을자르게ᄒᆞᆯ거
시되ᄂᆞ니라풀이이먹ᄂᆞᆫ거스로더자르ᄂᆞᆫ거ᄉ슨뿌리가졈졈싸ᄒᆞ로깁히드러가지
뿌리가만히나셔더잘먹을수잇고ᄯᅩ줄기가자르ᄂᆞᆫ듸로올나가며닙사귀도더나셔잘
먹기도ᄒᆞ고쵸ᄎᆞ가지도나셔닙사귀가만ᄒᆞ여져셔졔먹을거슬잘먹을수잇ᄂᆞᆫ고로쵸ᄎᆞ
더크게자르ᄂᆞᆫ거신듸풀이나잔사리나나모가다이러케자르ᄂᆞᆫ거시라그런고로ᄯᅡ에
셔난조고마ᄒᆞᆫ풀이나수풀즁에뎨일큰나모나다자르ᄂᆞᆫ긔계ᄂᆞᆫ뿌리와줄기와닙사귀
밧ᄭᅴ업ᄂᆞ니라

7 풀을다시나게ᄒᆞᄂᆞᆫ거슬 말ᄒᆞ면풀이이러케몃ᄂᆞᆯ몃ᄃᆞᆯ히를먹고자
룬후에야그풀에씨로다시나게ᄒᆞᄂᆞᆫ거시니이다시나게ᄒᆞᆯ션ᄃᆞᆨ으로ᄭᅩᆺ이필거시라엇
던풀은씨에셔난지몃ᄂᆞᆯ이되지아니ᄒᆞ여ᄭᅩᆺ필거신듸당년에다되ᄂᆞᆫ흑쵹ᄭᅩᆺᄭᅩᆺ한거시
그러ᄒᆞ고두ᄒᆡ만에다되ᄂᆞᆫ무우굿흔것신흔히녀름을지닉여야ᄭᅩᆺ필거시오ᄯᅩ엇던풀

십일

에셔 나는 거슬 씨라 ᄒᆞ는디 이세가지 눈물을 먹이고 자라게 ᄒᆞ는 거시 아니오 졔 ᄒᆞᆯ 직분은 풀을 다시 나게 ᄒᆞ여 그 어미 되신 될 거시니 그런고로 아세가지를 싱싱긔(生生機)라 ᄒᆞᄂᆞ니 그런즉 첫재 그림에 훅츰 풀을 보면 여러 가지기 계롤 다 볼 거시니라

3 ᄲᅥ리 라 ᄒᆞ는 거슨 아리로ᄂᆞ려 가는 거시 되 그 ᄯᅡ헤 잇는 여러 가지 며글 거슬 빠 드리는 거시오

4 줄기는 우흐로 올나 가는 거시 되 닙사귀와 ᄭᅩᆺ슬 나 게 ᄒᆞ는 거시오

5 닙사귀 는 편편ᄒᆞ고 얇고 푸른 거시 되 ᄒᆞᆫ 편은 하 ᄂᆞᆯ을 ᄃᆡᄒᆞ고 ᄒᆞᆫ 편은 ᄯᅡ 홀 ᄃᆡᄒᆞ는 거시니라

6 풀이 엇더케 자르는 거슬 말ᄒᆞ면 초목을 보매 풀마다 두 가지 잇스니 아릿 잇는 것과 우헤 잇는 거시라 아릿 잇는 ᄲᅮ리 라 ᄒᆞ는 거슨 풀이 ᄯᅡ헤 붓게 ᄒᆞ는 거시오 우헤 잇는 줄긔라 ᄒᆞ는 거슨 ᄯᅡ헤셔 나와셔 닙사귀를 내는 거시오 ᄲᅮ리가 ᄯᅡ헤셔 그 먹을 거슬 아드려 줄긔로 닙사귀에 가게 ᄒᆞ는 거시며 ᄯᅩ 닙사귀는 공즁에 잇는 그 먹을 거슬 아드리ᄂᆞ니 이 두 가지 ᄲᅮ리가 ᄯᅡ헤셔 ᄲᅡ라 드리는 것과 닙사귀가 공즁에 셔 ᄲᅡ라 드리는

데일쟝 초목이자라는것과긔계가엇더홈

데일대지 풀긔계라

1 이긔계즁에요긴훈긔계둘이잇스니 싱셩긔 Organs of Growth (長成機)라풀의뿔리와줄기와 닙사귀만잇고다른거슨업소되잘자랄수잇스니이거슬쟝셩긔(長成機) 라훙고

2 쏫풀에셔나는거슬쏫이라훙고쏫에셔나는거슬열미라훙고열미

혹축쏫치라
1

자가 볼거시라 피로 온 줄을 모로는 거슨 비유로 말ᄒᆞ면 사
름이 것 기젼에 기는 것곳 다름막질ᄒᆞ 기젼에 것는 것곳
ᄒᆞ니 공부를 시작할새 브터 힘써 알아 듯는 디로 더 ᄒᆞ고 쏙
쏙히 ᄒᆞ는 것과 조세히 분간 ᄒᆞ는 거ᄉᆞ로 ᄭᅳᆺ지 공부할지
어다 그러케 ᄒᆞ면 비ᄒᆞ는 디로 비ᄒᆞ기 쉽고 몬져 는 쳔쳔히
할지라도 나죵에는 별니 갈거시오 ᄯᅩ 초ᄎᆞ 알거슨 온 세샹
사름의 죵류 굿치 초목도 족쇽을 분간 할거시오 ᄯᅩ 알거슨
하ᄂᆞ님ᄭᅴ셔 우리를 먹이고 닙히 고 덥게ᄒᆞ고 우리 몸을 덥
ᄒᆞ랴고 ᄒᆞ샤 믄 드신 거시니 이 식물 공부는 ᄒᆞ도록 더옥 ᄌᆞ
미 잇ᄂᆞ니라

식물도셜

칠

식물도설

류

매부즈런이공부ᄒᆞ고힝습도ᄒᆞ면쉬히알거시오
식물공부에데일요긴ᄒᆞᆫ거슨첫재는풀의몸과자ᄅᆞ는모
양이오둘재는풀의긔계요셋재는그긔계가쓸듸잇는것
과모양이엇더ᄒᆞᆫ거시라
그런즉비호려ᄒᆞ는사람이이ᄎᆡᆨ첫쟝과둘재쟝을부즈런
이공부ᄒᆞ고그잇는말이ᄎᆞᆷ리치디로쓴말인지즈긔눈으
로들에샷과풀을보고즈셰히알거시니그리케ᄒᆞᆫ후에풀
을가지고넷재쟝에잇는말을보고분간ᄒᆞᆯ거시니혹니준
말이나알아듯기어려온말이잇슬ᄯᅢ에는이ᄎᆡᆨ샷헤긔록
ᄒᆞᆫ데목을보고그말이어ᄂᆞ편에잇는말인지알고다시차

녯재쟝은 초목을 눈호눈것과 공부호눈거신디 빅륙편

대지 첫재는 엇더케 눈호눈거시오

둘재는 삿슬 보고 공부호눈거시오 빅륙편

다숫재쟝은 족속을 눈호아 공부홀거시라 빅섭이편

이다음에는 삿 긔계 일홈과 처음듯눈 말을 다 쓰눈디 이 칙 어느 편에 보아셔 차즐수 잇눈지다 쓸거시라 학문 마다 특별호 말을 쓸수 밧긔 업는 거슨 만일 업스면 짐쟉만 호고 다 뒤숭숭 홀터이니 식물공부에 눈 특별호 말이 만치 아니호

셕물도셜
오

식물도셜

녯재는 섁리와 줄기와 닙사귀가 여러가지 잇는 거시오 ᄉᆞ십삼편

돌재쟝은 초목이 셩ᄒᆞᄂᆞᆫ 거시니
대지 첫재는 눈으로 셩ᄒᆞᄂᆞᆫ 거시오
둘재는 씨로 나게ᄒᆞᄂᆞᆫ 거시오
셋재는 ᄉᆞᆺ 공부요
넷재는 열ᄆᆡ와 씨 공부요 륙십ᄉᆞ편 활십팔편 륙십륙편 륙십ᄉᆞ편 륙십이편

셋재쟝은 초목이 자ᄅᆞᄂᆞᆫ ᄯᅥ돔은 무어시오 무ᄉᆞᆷ 쓸ᄃᆡ 잇서
  ᄆᆞ드러시 며 풀의 ᄒᆞᄂᆞᆫ 일이 무어시오 구십구편

식물도설

름마다 이 공부 는 홀 거시 로 되 졈은쟈의게 더옥 조미 잇슬
거시라 학문을 말 ᄒ 면 눈으로 보아 밝히 알고 조세히 분간
홀 줄 아 는 거시 ᄃ ᆡ 일 인 ᄃ ᆡ 누구던지 글을 잘 알되 이 두가지
를 잘 아지 못 ᄒ 면 유식 ᄒ 다 닐 ᄋ ᆞ 지 못 ᄒ 리 니 이 두가지 를
힝습 ᄒ 랴 면 세 샹 어 ᄃ ᆡ 던 지 잇 는 화초 를 다 공부 홀 거시 라
이 ᄎ ᆡ ᆨ 을 다 ᄉ ᆞ ᆺ 쟝 에 눈호 와 ᄉ ᆞ 니
첫ᄌᆡ쟝은 초목이 자르는 것과 긔계 가 엇더 ᄒ ᆷ 인 ᄃ ᆡ
  대지 첫ᄌᆡ는 긔계오   구편
        둘ᄌᆡ는 씨에셔 자르는 거시오   십구편
        셋ᄌᆡ는 희디로 자르는 거시오   삼십일편

식물도셜   삼

식물도셜

엇더케머수가만흔것과 모양이 석석하고 아름다온것과 모든 션적죠가 이샹한거슬 성각하여 보라하셧스니 엇지 주미잇고 요긴한 게 덕이 지 아니하리오 초목이 엇더한 거신지 알고져 하는 모음을 다하야 쑥쑥히 공부하는 거시 곳 식물 공부라 하는 거시라 진실한 것과 참리치로 공부하면 어려 온 거시 아니오 풀이 자라는 것과 따와 비와 거운으로 먹이는 거시 알아듯기 어려온 거시 아니며 쏘 그요긴한 긔계가 무엇신지 서로 합하는 법에 합하는 거시 비호기쉬온 거시니 누구던지 힘을 조곰 쓰려하는 사름이 흔한 풀 중에 여러 가지 잇는 모양을 분간할 거시 오사

식 물

마태복음륙쟝이십팔졀노구졀ᄭᅥ지보니들에백합쏫치엇더케자라ᄂᆞᆫ가성각ᄒᆞ여보아라슈고도아니ᄒᆞ고질삼도아니ᄒᆞᄂᆞ니라그러나나ㅣ너희게말ᄒᆞ노니솔노문의지극ᄒᆞᆫ영광으로도닙은거시이쏫ᄒᆞ나만굿지못ᄒᆞ엿ᄂᆞ니라ᄒᆞ엿스니우리쥬님이이쏫ᄀᆞᄅᆞ쳐말솜ᄒᆞ실ᄯᅢ에하ᄂᆞ님ᄭᅴ셔세샹사름을ᄒᆞᆼ샹도라보심을ᄀᆞᄅᆞ치시랴고홍신말솜이니긔이ᄒᆞᆫ풀과아름다온쏫스로싸흘닙히ᄂᆞᆫ거슨하ᄂᆞ님ᄭᅴ셔그문도신셩물을도라보시ᄂᆞᆫ거시오ᄯᅩ예수ᄭᅴ셔도우리가ᄒᆞᆼ샹보ᄂᆞᆫ풀을뵈이사자ᄅᆞᄂᆞᆫ모양이

식물도셜

식 물 도 셜

이 칙을 번역 홀 씨에 본 영문 뜻을 의지 하야 하는 가온 티 말구 결의 붉지 못 한 것과 국문 에 닉 숙 지 못 한 거 슨 특별 히 평양 중학교 졸업 싱 챠리셕 씨의게 만히 교졍 홈을 밧아 시 니 매우 감샤 홉네다

안 의 니

식물도셜

BOTANY FOR YOUNG PEOPLE
AND COMMON SCHOOLS.

By Dr. A. L. Gray.
Adapted from the English
By Mrs. A. L. A. Baird.
Korean Religious Tract Society.
1908.
Hulbert Educational Series: No. 2

Price: 1 *yen*, 50 *sen*.

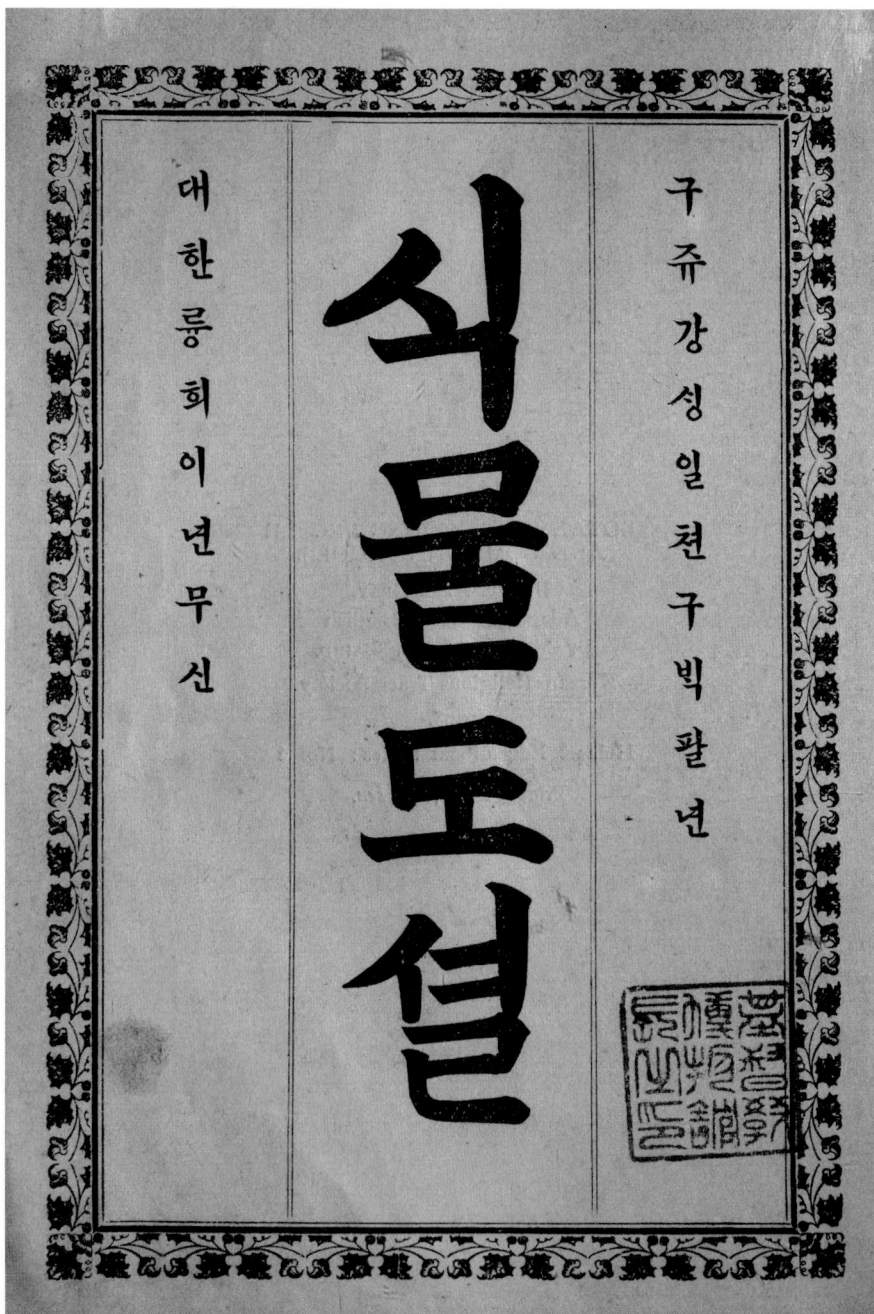

식 물 도 셜

▌편역자 | 애니 베어드(Annie L. Baird, 1864~1916)

애니 베어드는 웨스턴여자신학교를 졸업한 후 윌리엄 베어드(William Baird)와 함께 선교활동을 위해 한국에 왔다. 애니 베어드는 선교사 부인으로서의 역할뿐만 아니라 평양 숭실에서 생물학을 가르친 교육자이자 과학교과서를 번역한 번역가, 다수의 소설, 에세이를 남긴 저술가로도 활발한 활동을 벌였다. 주로 생물학에 큰 관심을 가졌는데, 실제 평양 숭실의 교과서로 사용된 『식물도셜』, 『동물학』, 『싱리학초권』을 번역한 것이 대표적이다.

▌해제자 | 윤정란

숭실대학교 사학과를 졸업하고 같은 대학교 대학원에서 「일제시대 한국기독교여성운동연구」라는 주제로 2000년 문학박사학위를 받았으며 이후부터 한국근현대사에서 여성사, 독립운동사, 개신교사 등의 연구에 전념했다.

현재는 숭실대학교 한국기독교문화연구원에서 HK교수로 재직하고 있다.

주요 저서로『한국 기독교 여성운동의 역사』(2003),『19세기말 서양선교사와 한국사회』(공저, 2004),『전쟁과 기억』(공저, 2005),『종교계의 민족운동』(공저, 2008),『서북을 호령한 여성독립운동가 조신성』(2009),『혁명과 여성』(공저, 2010),『왕비로 보는 조선왕조』(2015),『한국전쟁과 기독교』,『나주독립운동사』(공저, 2015) 등이 있으며, 다수의 논문이 있다.